JN215420

U. S. Pacific Command and Asia

Security in the "Indo-Pacific"

土屋大洋［編著］
大塚海夫
デニー・ロイ
梶原みずほ
中村進
西野純也
小谷哲男
田中靖人
森聡

アメリカ太平洋軍の研究

インド・太平洋の安全保障

千倉書房

Photo: MC3 Matt Brown

凡例

- 二〇〇二年のドナルド・ラムズフェルド国防長官による改革が行われるまで太平洋軍司令官は、太平洋軍総司令官と呼ばれていたが、その後は太平洋軍司令官となった。本書は太平洋軍司令官で統一してある。
- AOR (Area of Responsibility) は「責任地域」や「責任区域」とも呼ばれるが、自衛隊での用法にならい、本書では「担任区域」としてある。
- 太平洋軍ではバラク・オバマ政権の頃まで「インド・アジア太平洋 (Indo-Asia-Pacific)」が多用されたが、ドナルド・トランプ政権では「インド・太平洋 (Indo-Pacific)」が用いられるようになっている。後者は「インド洋沿岸および太平洋沿岸の国々」という意味で使われており、両者に大きな意味の差はない。
- その他、軍事組織の名称や軍事用語については訳語が定まっていないものもあるので、適宜使い分けたところがある。

はじめに

大塚海夫◆OTSUKA Umio

「戦争のことはトミーに任せてある」

このフレーズは、イラク戦争開戦直前の二〇〇三年、戦争はいつ開始されるのかと記者から尋ねられたジョージ・W・ブッシュ大統領の発言である。国家として、ひとたび戦争が不可避との判断が下されると、いつどのような形で開戦するか、いかなる作戦を遂行するか、エンドステートとしてどのような状態を作るかは、米国中央軍（以下、中央軍と呼称する）司令官トミー・フランクス陸軍大将（当時）に任された。もちろん、大統領、国防長官といった、いわゆるナショナルコマンドオーソリティの承認を得た上でのことである。

米国は、世界を地理的に六つに区分し、中東と中央アジア地域での軍事活動を担任するのが中央軍であり、司令部はフロリダ州タンパに所在し、陸・海・空・海兵隊・特殊戦の部隊を隷下に置いている。本書の主題である米国太平洋軍（以下、太平洋軍と呼称する）は、太平洋から東アジア、東南アジア、南アジアを経てインド洋までを担任区域とし、ハワイに司令部を置く統合軍である。筆者は、二〇〇二年から二〇〇三年にかけて、中央軍における日本の首席連絡官として勤務し、主としてアフガニスタンでのテロとの戦いとイラク戦争に関して、自衛隊と米軍との連絡調整に従事した。その際、統合軍たる中央軍が、戦争に至るまでの外交努力にどのように関与し、戦争をいかに遂行し、主要な戦闘が終了した後の安定化と復興のための活動にどう関わったかを間近に見る機会を得た。中央軍の役割をひとことで言うなら、全責任を持って米国の代表として戦争の遂行とその後始末を行うことであり、全米軍がこれを支援するという構図があったと言えるだろう。

その統合軍の指揮を任される司令官の権限は強大である。司令官の下には、通常、大使経験者等の国務省高官がスタッフとして勤務し、外交分野を支えている。軍事と外交が、米国フォーリンポリシーの両輪として確実に機能している具体例である。統合軍司令官自身が、トップ外交官として、担任区域内の国家の元首を含む高官との間で外交活動を繰り広げることを期待される。一九九七年から中央軍司令官を務め、アフガニスタンを中心とする不朽の自由作戦やイラクの自由作戦の指揮を執ったフランクス大将も、担任区域内の国家元首と対等に渡り合っていた。ヨルダン国王を「マイフレンド、キング・アブダッラー」と呼んでいたのが印象的である。

本書は、太平洋からインド洋までの、地球の約五〇%をカバーする地域での軍事作戦に責任を有する太平洋軍を紹介する書物である。冒頭から中央軍の例を述べたのは、自らの体験として、地域は異なるものの、同じ統合軍たる中央軍が、戦争においていかに重要な機能を果たしたか、また、その司令官がいかに多大な権限を有していたかを、実体験を紐解き、読者の皆様にご理解いただきたかったためである。ちなみに、米軍には六つの地域別統合軍に加え、戦略軍、輸送軍、特殊戦軍、サイバー軍といった機能別統合軍がある。

太平洋軍は、米国領土、国民、国益を護ることを任務とするが、護る対象には同盟国が含まれ、また、

「法に基づく国際秩序」も擁護の対象となっている。太平洋軍は、太平洋艦隊、太平洋空軍、太平洋陸軍、太平洋海兵隊、太平洋特殊戦部隊のコンポーネントを統合し、各コンポーネントが統合された部隊として任務を遂行し得る態勢の整備に努めている。また、北東アジアでの米国益の重要性に鑑み、北東アジアでは、在日米軍と在韓米軍という二つの準統合軍を編成し、それぞれ自衛隊と韓国軍との共同関係の強化を図っている。

過去半世紀のインド・太平洋地域は、前例のない経済発展を遂げ、世界の経済活性化に寄与してきた。太平洋軍の高官と話すと、太平洋軍の存在が、国家・非国家主体による脅威から経済発展の基盤となる「法に基づく国際秩序」を擁護する上で極めて重要であったという認識をもっていることが分かる。それは、紛争を未然に防止したことと同時に、自然災害や人道的な危機への対応も含めてのことである。

日本の立場から見ると、一九四七年に創設された太平洋軍は、地域の発展以前に、戦後七〇年の我が国の平和と安全の根幹として存在してきたといっても過言ではない。一九五一年の日米安保条約と翌年の日本の主権回復をもって、占領体制に終止符が打たれ、主権国家間の関係が再構築された。この関係に基づき、日本国内での駐留が認められた在日米軍の人員数は、米国外としては最大の五万五〇〇〇人を数え、米国による日本防衛への強いコミットメントの象徴となっている。そして、この在日米軍をはじめとする太平洋軍と自衛隊との強い絆が、我が国に対する侵略の抑止、また、地域の安定に繋がっている。太平洋軍の中では、「潜在敵国は、もしも日本を攻撃した場合に、日米双方からの強烈な反撃があるものと覚悟すべきだ」という認識が共有されている。

この認識は極めて重要である。やや専門的な話になるが、抑止には、懲罰的抑止と拒否的抑止という二つの概念がある。懲罰的抑止は、相手の攻撃に対して懲罰的な反撃、すなわち相手にとって耐え難い損害を与えるという意思を示すことにより、相手に攻撃を思いとどまらせるという抑止の概念であり、相手を攻撃できる能力を保持することが前提となる。これに対して拒否的抑止は、相手の攻撃に対して自らの損害を最小限に限定する能力を保有することで、相手の目標達成を拒否する、すなわち相手に、こちらを攻撃しても無駄だという意思を示すことで攻撃を思いとどまらせようとする抑止の概念である。前者の一例として核兵器による第二撃能力が、後者の例としては弾道ミサイル防衛システムが挙げられる。

自衛隊と米軍は、冷戦期から、「盾と鉾」の任務役割分担を行って我が国の防衛に任じてきた。そのため、基本的に、自衛隊が保有する力は、拒否的抑止に関するものが中心となり、懲罰的抑止は米軍に依存する態勢となっている。米軍の中で核兵器を所掌するのは機能別統合軍たる戦略軍であるが、インド・太平洋地域での紛争で正面に立つのは太平洋軍であり、空母打撃部隊や航空攻撃兵力といった通常戦力を運用するのも太平洋軍である。したがって、我が国への攻撃に対する米軍による反撃を担うのは太平洋軍であり、懲罰的抑止が機能するか否かも太平洋軍に係っているといえる。

軍事力として世界一の米軍の中でも、最も強力であるといっていい太平洋軍が、我が国と共に同盟国を代表して正面に立ち、平時からグレーゾーンにおいては確実な抑止力として機能し、不幸にして抑止が破綻した場合には、その強大な戦力を以て勝利に向けて自衛隊とともに戦う態勢にあることが、我が国の防衛にとっていかに重要であるかは論を俟たない。

自衛隊は、各種事態における抑止と対処のため、日々の任務に従事している。抑止と対処の信頼性を向上させるため、米軍との間で、常に高いレベルのインターオペラビリティ、すなわち、情報・作戦・戦術からロジスティクス、装備に至るあらゆる分野での強固な連携態勢が確保され、いかなる事態にも共同して対応できる能力が構築され、さらに高度なレベルを求める努力が続いている。また、平時から、米軍とともに域内各国の軍隊と訓練し、能力構築支援を行い、さらに、災害時などの危機に対応することで、地域の安定化とグローバルな安全保障環境の改善に寄与すべく努めている。

自衛隊における太平洋軍司令官のカウンターパートは統合幕僚長である。そのため、自衛隊と太平洋軍の間では、統合幕僚監部が中心となり、各種の計画、調整を実施する。また、統合幕僚監部は、陸・海・空の各軍種を横断しての統制、調整を行いつつ、日常の協議、プランニング、演習の実施などの業務を行っている。統幕の日々の調整相手は、太平洋軍の現場エージェントとして横田に所在する在日米軍司令部である。しかし、在日米軍が実力部隊を指揮するわけではなく、作戦実施部隊は、太平洋軍の隷下にある各軍種のコンポーネントおよびその統合部隊となる。たとえば、海軍の場合は、第七艦隊がその主力となり、情勢に応じて世界各地から増派された複数の空母打撃群などを指揮・統制下に入れて作戦が実施される。多くの人が、第七艦隊司令官は、横須賀に前方配備されている空母ロナルド・レーガンを中心とする空母打撃部隊のオペレーションを司っていると認識しているように見受けられる。司令官は、通常の訓練、そして即応体制の維持に関しては、予め隷下に配備された部隊に関しての責任を負う一方、作戦面では、その規模に応じて、必要な部隊を与えられ、太平洋軍司令官の海上作戦の責任者として行動することとなる。

太平洋軍は、各軍種コンポーネントが訓練し鍛え上げた兵力を統合して、自然災害、人道危機に対する支援から、国家・非国家主体による脅威への抑止、高烈度の戦争に至るあらゆる状況に対応する部隊であり、日本の防衛はもとより、地域の平和と安定の礎となっている。

本書は、日本において、在日米軍や第七艦隊と比べ、必ずしも注目されてきたとはいえない太平洋軍に焦点を当て、多面的に理解を促進しようと試みるものである。編者の土屋大洋慶應義塾大学教授とのご縁で、海上自衛隊幹部学校は、湘南藤沢キャンパス（SFC）で学部生を対象に、戦略研究室の教官が、「国家と防衛」の授業を受け持っている。土屋教授は、一九九〇年代にインターネットと国際政治学を融合した先駆者であり、海底ケーブルの戦略的価値に注目して研究を進め、その観点から、いち早くサイバー領域の重要性に着目した気鋭の研究者であるとともに、サイバーに係る安全保障の第一人者である。この度、インド・太平洋地域の安全保障における太平洋軍の重要性に鑑み、太平洋軍それ自体に焦点を当てた本書の出版を企画された土屋教授の慧眼にはいつもながら敬服する。土屋教授とは長年の知己であり、この前書きをお引き受けした。本書を通じて、太平洋軍への理解促進とともに、我が国の防衛、地域の安全保障に対する読者の関心が深まることを期待するものである。

アメリカ太平洋軍の研究——インド・太平洋の安全保障　目次

第6章 朝鮮半島と太平洋軍 ——西野純也 105

第9章 統合作戦構想と太平洋軍
――マルチ・ドメイン・バトル構想の開発と導入

第1章 米国統合軍の組織と歴史
——太平洋軍を中心に

土屋大洋◆TSUCHIYA Motohiro

はじめに

本章では米国に一〇ある統合軍の一つ、「太平洋軍（PACOM）」に焦点を当てつつ、米国統合軍の組織と歴史を概観する。

米軍に陸軍、海軍、空軍、海兵隊の四軍があることはよく知られているが、実際の戦闘部隊は一〇の「統合軍」に編成されている。つまり、現実の戦闘には陸軍や海軍がそれぞれ個別に参戦するのではなく、地域別ないし機能別に統合された軍によって参戦することになる。一〇の統合軍のうち六つは地域別、四つは機能別になっており（二〇一八年五月に全体で一〇番目、機能別には四番目となるサイバー軍が加えられた）、アジア太平洋地域を管轄するのが太平洋軍である。

これまで日本を含む東アジアの安全保障を検討する際には、在日米軍や在韓米軍の存在ばかりが注目を集めてきた。しかし、在日米軍司令部は、端的に言って太平洋軍の出先機関でしかなく、有事に作戦の指揮を執るのは米国ハワイ州のオアフ島に置かれている太平洋軍司令部である。在日米軍司令官が中将であるのに対し、太平洋軍司令官は大将であり、指揮系統上、大統領と国防長官にのみ従うものとされる。在韓国米軍司令部は、在日米軍司令部と位置づけが異なるものの、組織上は太平洋軍の下に位置づけられている。太平洋軍司令官が、アジア太平洋地域の安全保障に絶大な権限を持っていることがわかるだろう。

アジア太平洋地域の安全保障を考えるにあたって太平洋軍の存在を無視することはできない。それにもかかわらず、太平洋軍を正面から捉えた学術研究は、日本などの諸外国はもちろん米国においても多くない[1]。アジア太平洋地域は、中国の海洋進出や北朝鮮の核・ミサイルの存在により不安定化しており、サイバー攻撃が頻発する地域でもある。以下では、そもそも米軍組織における統合軍とは何なのか、その成立の歴史をさかのぼるとともに、現在の組織構造についても見ていきたい。

1 統合軍の結成

最も一般的な軍の定義は「戦力提供者」ということになろう。米軍についても同様のことが言える。米国の法律上、米軍は、国防総省傘下にある陸軍、海軍、空軍、海兵隊、そして国土安全保障省傘下にある沿岸警備隊の五軍で構成されている[2]。それぞれの軍には長官がおり、陸軍、海軍、空軍、海兵隊の長官は国防長官の下にあり、沿岸警備隊の長官は国土安全保障省長官の下にある。いずれも最終的には全軍の総司令官にあたる大統領の指揮下にある。

日本語で「コマンド」はしばしば「司令部」と訳されるが、他にも「軍の指揮権、指導権」や「統括部隊、管轄地域」といった意味を持つ。本章で扱う統合軍は、「戦闘軍」の一種になる[3]。戦闘軍を、戦力提供者と対比して「戦力利用者」と呼ぶ場合もある。陸軍、海軍、空軍、海兵隊が必要な人員や装備を調え、それらを提供し、戦闘軍がそれを利用するという関係である。

戦闘軍は「統合戦闘軍」と「特定戦闘軍」の二つに分かれる。統合戦闘軍は、「広範で継続的なミッションを持ち、二つ以上の軍の部門からの部隊から構成される軍」、特定戦闘軍は、「広範で継続的なミッションを持ち、一つの軍の部門から通常は構成される軍」と、それぞれ定義される[4]。例えば、統合戦闘軍が海軍と陸軍の部隊から構成されるのに対し、特定戦闘軍は陸軍の部隊だけから構成される。本章で扱う統合軍は前者である。

統合軍は、統合参謀本部議長のアドバイスと支援を受けて、国防長官を通じて大統領が設立するものとされている[5]。統合参謀本部議長は、二年以上の間をあけて定期的に各統合軍のミッション、責任（地理的な境界を含む）、戦力構成を見直し、必要があれば国防長官を通じて大統領に変更を提言することになっている。

この見直しの結果出されるのが「統合軍計画」である（表1-1を参照）。二年以上あけて戦力を定期的に見直すという条項が法律に入ったのは、一九八六年のゴールドウォーター・ニコルズ法による。そのため、それ以前は、それより短い期間での見直しもあった。特に冷戦が深刻化しつつあったドワイト・アイゼンハワー大統領時代には何度も見直しが行われている。その後、歴代大統領はほとんど見直しを行っているが、ジョン・F・ケネディ大統領暗殺に伴って就任したリンドン・ジョンソン大統領と、ジミー・カーター大統領は見直しを行っていない。

一九八六年のゴールドウォーター・ニコルズ法成立後も、一九八八年三月一日の「統合計画SM-143-88」から一九八九年八月一六日の「統合計画SM-712-89」の間は約一年四カ月と短い。これはロナルド・レーガン大統領からジョージ・H・W・ブッシュ大統領への政権交代前後のためだと考えられる。同じく、ジョージ・H・W・ブッシュ大統領からビル・クリントン大統領への政権交代の前後に当たる一九九二年四月二四日の「統合計画MCM-64-92」から一九九三年四月五日の「統合計画MCM-57-93」の間も一年未満と短い。クリントン大統領は八年間の在任中に六回も統合計画を承認しており、二年ルールは実質的に守られていないと言えるだろう。

冷戦終結からポスト冷戦への移行期にあたるレーガン、ジョージ・H・W・ブッシュ、クリントンの三つの政権の間に出された統合計画は機密扱いで、公開されていないため（バラク・オバマ政権の二つの統合計画は機密扱いになっていない）、この時期に、米軍が何をどう変えようとしたのか、直接的には分からなくなっている。

第二次世界大戦が終結すると、翌一九四六年の一二月一四日、ハリー・S・トルーマン大統領は、最初の統合軍計画として「概略的な軍計画」を承認し、一九四七年の一月一日に七つの統合軍を創設した。それは、極東軍（FECOM）、太平洋軍、アラスカ軍、北東軍、米国大西洋艦隊、カリブ海軍、欧州軍である。このうち、現在も残っているのは太平洋軍と欧州軍だけである。

第二次世界大戦終結後に問題になったのは、日本とその近海の管轄であった[6]。日本は極東軍の管轄に置か

	後継の計画
	1955年3月9日のSM-180-55
	1955年3月9日のSM-180-55
	1957年10月24日のSM-749-57
	1957年10月24日のSM-749-57
	1958年9月8日のSM-643-58
	1961年2月4日のSM-105-61
	1963年11月20日のSM-1400-63
	1971年6月30日のSM-422-71
	1975年6月27日のSM-356-75
	1983年10月28日のSM-729-83
	1988年3月1日のSM-143-88
	1989年8月16日のSM-712-89
	1992年4月24日のMCM-64-92
	1993年4月5日のMCM-57-93
	1993年10月6日のMCM-144-93
	1995年6月21日のMCM-080-95
	1996年1月17日のMCM-011-96
	1998年2月9日のMCM-024-98
	1999年10月12日のMCM-162-99
	2003年2月4日のMCM-0016-03
	2005年3月17日のMCM-0012-05
	2006年5月31日のMCM-0004-06
	2008年12月23日のMCM-0044-08
	2011年4月20日のMCM-0013-11
	2011年9月21日のDJSM-0604-11

表1-1 米軍の統合計画

計画	発行日	大統領
(U) Outline Command Plan	1946年12月14日に トルーマン大統領が承認	ハリー・S・トルーマン
(U) SM-1419-53	1953年7月24日	ドワイト・D・アイゼンハワー
(U) SM-180-55	1955年3月9日	同上
(U) SM-548-56	1956年7月3日	同上
(C) SM-749-57	1957年10月24日	同上
(C) SM-643-58	1958年9月8日	同上
(C) SM-105-61	1961年2月4日	ジョン・F・ケネディ
(C) SM-1400-63	1963年11月20日（同年12月1日施行）	同上 （施行時はリンドン・ジョンソン）
(C) SM-422-71	1971年6月30日（1972年1月1日施行）	リチャード・ニクソン
(C) SM-356-75	1975年6月27日（同年7月1日施行）	ジェラルド・R・フォード
(S) SM-729-83	1983年10月28日	ロナルド・レーガン
(S) SM-143-88	1988年3月1日（同年4月1日施行）	同上
(S) SM-712-89	1989年8月16日（同年10月1日施行）	ジョージ・H・W・ブッシュ
(S) MCM-64-92	1992年4月24日（同年6月1日施行）	同上
(S) MCM-57-93	1993年4月5日（同年4月15日施行）	ビル・クリントン
(S) MCM-144-93	1993年10月6日	同上
(S) MCM-080-95	1995年6月21日	同上
(S) MCM-011-96	1996年1月17日	同上
(S) MCM-024-98	1998年2月9日	同上
(S) MCM-162-99	1999年10月12日	同上
(S) MCM-0016-03	2003年2月4日（変更1および2を包含）	ジョージ・W・ブッシュ
(FOUO) MCM-0012-05	2005年3月17日	同上
(FOUO) MCM-0004-06	2006年5月31日	同上
(U) MCM-0044-08	2008年12月23日	同上
(U) MCM-0013-11	2011年4月20日	バラク・オバマ
(U) DJSM-0604-11	2011年9月21日（変更1を包含）	同上

出所：以下の文献中の表に大統領名を追加した。Edward J. Drea, Ronald H. Cole, Walter S. Poole, James F. Schnabel, Robert J. Watson, and Willard J. Webb, History of the Unified Command Plan 1946-2012, Joint History Office, Office of the Chairman of the Joint Chiefs of Staff, Washington, DC, 2013, pp. 117-118.

注：（U）はUnclassified（非機密）、（C）はClassified（機密）、（S）はSecret（秘）、（FOUO）はFor Official Use Only（公用限定）、SMはSecretary's Memorandum（国防長官メモ）、MCMはMemorandum issued in the name of the Chairman of the Joint Chiefs of Staff（統合参謀本部議長の名前で発行されたメモ）、DJSMはDirector Joint Staff Memorandum（統合参謀本部事務局長メモ）を表す。

れたが、小笠原諸島とマリアナ諸島を極東軍の管轄にするか、太平洋軍の管轄にするかで争いが起こった。その結果、これらの諸島の内陸における軍と設備は陸軍主導の極東軍の管轄となったが、その周辺海域とロジスティクスについては海軍主導の太平洋軍管轄とされた。しかし、朝鮮戦争勃発の翌年にあたる一九五一年、小笠原諸島とマリアナ諸島、それにフィリピンと台湾は、極東軍から太平洋軍へと移管された。同年のサンフランシスコ講和条約により日本が国際社会に復帰し、一九五三年に朝鮮戦争の休戦協定が結ばれると、一九五六年、極東軍は解体され、その管轄地域は太平洋軍が引き継いだ。

一九六〇年に始まったベトナム戦争に際し、陸軍は東南アジアをカバーする独自の統合軍を作ろうとするがかなわず、太平洋軍司令官の下にベトナム米軍支援司令官というポストを作り、太平洋軍の構成軍である太平洋空軍(PACAF)と太平洋艦隊(PACFLT)を使うことを認めた。この経験は、海軍主導の太平洋軍に対する陸軍の不信を招き、陸軍から太平洋軍を四分割する案が提出されるに至る。しかし、リチャード・ニクソン政権末期からジェラルド・フォード政権前半にかけて国防長官を務めたジェームズ・シュレジンジャーはこの分割案を支持せず、太平洋は一つの地理的な実体であるという海軍の主張を受け入れた。それが現在の太平洋軍に継承されている。

戦略核兵力のコントロールについても同様の権限争いが生じた。第二次世界大戦直後の一九四六年、陸軍航空隊(AAF)は、戦略航空軍(SAC)を作り、一人の(つまり陸軍の)司令官によってグローバルに運用されることを求めたが、海軍はそれに反対した。一九四七年に陸軍から分離して空軍が作られると、争いは空軍と海軍の間へと移った。一九五〇年代に入って潜水艦発射弾道弾(SLBM)のポラリスが登場すると、両者の議論は過熱することになり、最終的に、空軍が爆撃機と大陸間弾道弾(ICBM)を担い、海軍は大西洋軍(LANTCOM、一九四七年から一九九三年まで存在)、欧州軍、太平洋軍の隷下にある海軍部隊を通じて核兵器を搭載した潜水艦を担うことになった。

2 ゴールドウォーター・ニコルズ法

統合軍の運用に大きな変革をもたらしたのは、レーガン政権期の一九八六年に成立したゴールドウォーター・ニコルズ法であった。この名称は法案の提出者であるバリー・ゴールドウォーター上院議員とビル・ニコルズ下院議員に由来する。

先述のように、軍の統合運用をめぐっては四軍の間の権限争いが深刻であったが、ベトナム戦争や一九八〇年のイラン大使館人質救出作戦の失敗によって、その必要性が強く認識されることになった。特に後者の失敗は、一九八〇年の大統領選挙に大きな影響を与える事態となり、再選を目指した現職のカーター大統領が破れ、レーガン政権誕生へとつながった。

同法は、大統領、国防長官、統合参謀本部議長、そして各軍との関係を整理し、統合運用をよりスムーズに行えるようにした。防衛研究所の菊地茂雄によれば[7]、改革の要点は、第一に、統合参謀本部議長の権限強化である。議長は各軍から独立し、大統領などに対する主席軍事顧問としての役割と責任が集中的に与えられた。第二に、「統合」に関する専門知識を持った将校を統合特技将校(JSO)として養成し、昇進速度の点でJSOに不利な扱いがないようにし、母体の軍でのキャリアアップを優先した思考・行動に偏らないようにした。第三に、統合軍の司令官に対して広範な権限が与えられた。

統合軍の機能が強化されたことにより、統合軍は戦力利用者、各軍は戦力提供者としての性格を強めることになった。

同法が成立すると、統合参謀本部は、統合軍の整理と強化に乗り出す。まず、一九八七年に輸送軍(TRANS

COM）が成立し、輸送と調達を担うことになった。また、一九八二年から八三年、そして一九八七年の二度にわたって議論されながら、空軍と海軍の権限争いのため進んでいなかった戦略核部隊の統合も、一九八九年にベルリンの壁が崩壊し、一九九一年にソビエト連邦が消滅すると、一九九二年六月一日に戦略軍（STRATCOM）の結成というかたちで実現された。

同法の成果は、一九九〇年の湾岸危機に続く一九九一年の湾岸戦争において試され、米軍の圧倒的な強さを各国に見せつける結果となった。

しかし、一九九〇年代には早くも同法の下での作戦活動や指揮能力の現実性に懸念が示されるようになり、たびたび同法の改正、そして統合軍の体制の見直しが議論されている。オバマ政権のアシュトン・カーター国防長官も二〇一六年に入り、複数回、同法の見直しに言及している。そして、二〇一六年四月五日、カーター長官は講演の中で改正案の概要を明らかにした。しかし、その中では、地域別統合軍の整理・統合には否定的な見方を示し、以下のように述べている。

> 友好国、同盟国、そして実際我々自身の軍と指揮能力に有害となるようにこれらの軍を統合する代わりに、我々は、統合参謀本部、統合軍、隷下の軍を横断する形でロジスティクス、インテリジェンス、計画のような機能を統合し、冗長性を排除し、能力を失わないようにすることでもっと効率的になろうと企図しており、ここでまだやることがたくさんある。［8］

ただし、その他の点では同法の改革の必要性をカーター長官は認めていることから、同法が改正され、統合軍についての何らかの変更が行われる可能性は残っている。

3　太平洋軍の位置づけ

他の統合軍がさまざまな組織変更を経たのに対し、今日、太平洋軍は最古かつ最大の統合軍となっている。太平洋軍の公式ウェブサイトによれば[9]、トルーマン大統領の承認を経て、実際に太平洋軍が組織されたのは、極東軍をはじめとする他の統合軍と同じく第二次世界大戦後まもない一九四七年一月一日であった。

日本を中心とする地域に作られた極東軍は一九五七年七月一日に解体され、すべての所掌が太平洋軍に移管された。同時に、アラスカ軍の一部も太平洋軍に移された。その三カ月後の一九五七年一〇月、太平洋軍司令官（CINCPAC）の司令部が、真珠湾東岸にあったマカラパから真珠湾北東の高台にあるキャンプ・スミスに移された。ここには太平洋海兵隊の司令部も置かれている。当時、太平洋軍司令官は太平洋艦隊の司令官を兼任していたが、一九五八年一月に切り離され、太平洋艦隊には別の司令官が置かれることになった。しかし、それ以降も太平洋軍の司令官は海軍から出ている。

一九七二年一月一日にはインド洋、南アジア、そして北極海が太平洋軍の管轄に組み入れられた。そして一九七五年にアラスカ軍が解体され、太平洋軍に編入されている。さらに太平洋軍の管轄地域は一九七六年五月一日にアフリカ東岸まで広げられ、これにより地球表面の五〇パーセント以上をカバーすることになった。一九八三年には、中国、韓国、モンゴル、マダガスカルが太平洋軍の管轄範囲に入るとともに、再び太平洋艦隊の司令官を兼任することになった。

ところが、先述のように一九八六年に米国議会でゴールドウォーター・ニコルズ法が成立すると、統合軍のあり方は規定し直されることになった。

一九八九年七月七日、再びアラスカ軍（ALCOM）が創設され、太平洋軍の下で準統合軍になった。準統合軍とは統合軍の下に置かれるより小規模の統合軍である。しかし、ジョージ・H・W・ブッシュ政権下の一九八九年八月一六日の統合軍計画によって中東のオマーン湾とアデン湾は中央軍へと移された。クリントン政権下で策定された一九九六年一月一日の統合軍計画は、セイシェルと隣接海域を中央軍へと移管した。同じくクリントン政権下で出された二〇〇〇年一〇月一日の統合軍計画ではタンザニア、モザンビーク、南アフリカ沿岸のインド洋は欧州軍へと移された。

二〇〇一年九月一一日に米国で同時多発テロ(九・一一)が起きると、焦点は「テロとの戦い」へと移ることになり、米軍全体に大きな変化が及ぶことになる。そうした移行は、同年に発表された四年毎の防衛計画見直し(二〇〇一QDR)でも明らかにされた。これによって、米国の国土防衛のために北方軍が創設され、米国西海岸は太平洋軍から北方軍に移管された。アラスカそのものは北方軍の管轄になったが、準統合軍のアラスカ軍は太平洋軍の下に置かれた。北極海も太平洋軍の管轄にとどまった。

ジョージ・W・ブッシュ政権末期の二〇〇八年一二月一七日に出された統合軍計画によって、東経六八度以西のインド洋は新設されたアフリカ軍に移管された。これによって、コモロ、マダガスカル、モーリシャス、レユニオンの四つの島国はアフリカ軍の管轄に入った。

現在の太平洋軍の担任区域を示したのが図1-1である。

冷戦期の太平洋軍は、アジア太平洋地域における米国の同盟国である日本、韓国、タイ、フィリピン、オーストラリア(豪州)の五カ国とともにソ連を封じ込める機能を持っていた。一九八七年一月二七日の米議会上院軍事委員会で、ロナルド・ヘイズ太平洋軍司令官は、太平洋における米ソ両超大国の在来型戦力バランスは、数の上では米国がやや不利な立場にあるものの、核抑止力の面で十分に貢献しており、全体としては好ましい状況にあると証言している。そして、米国の戦略上の利害に対する太平洋地域の重要性は、将来にわたり増大し続けるとも述べている[10]。

図1-1 太平洋軍の管轄範囲

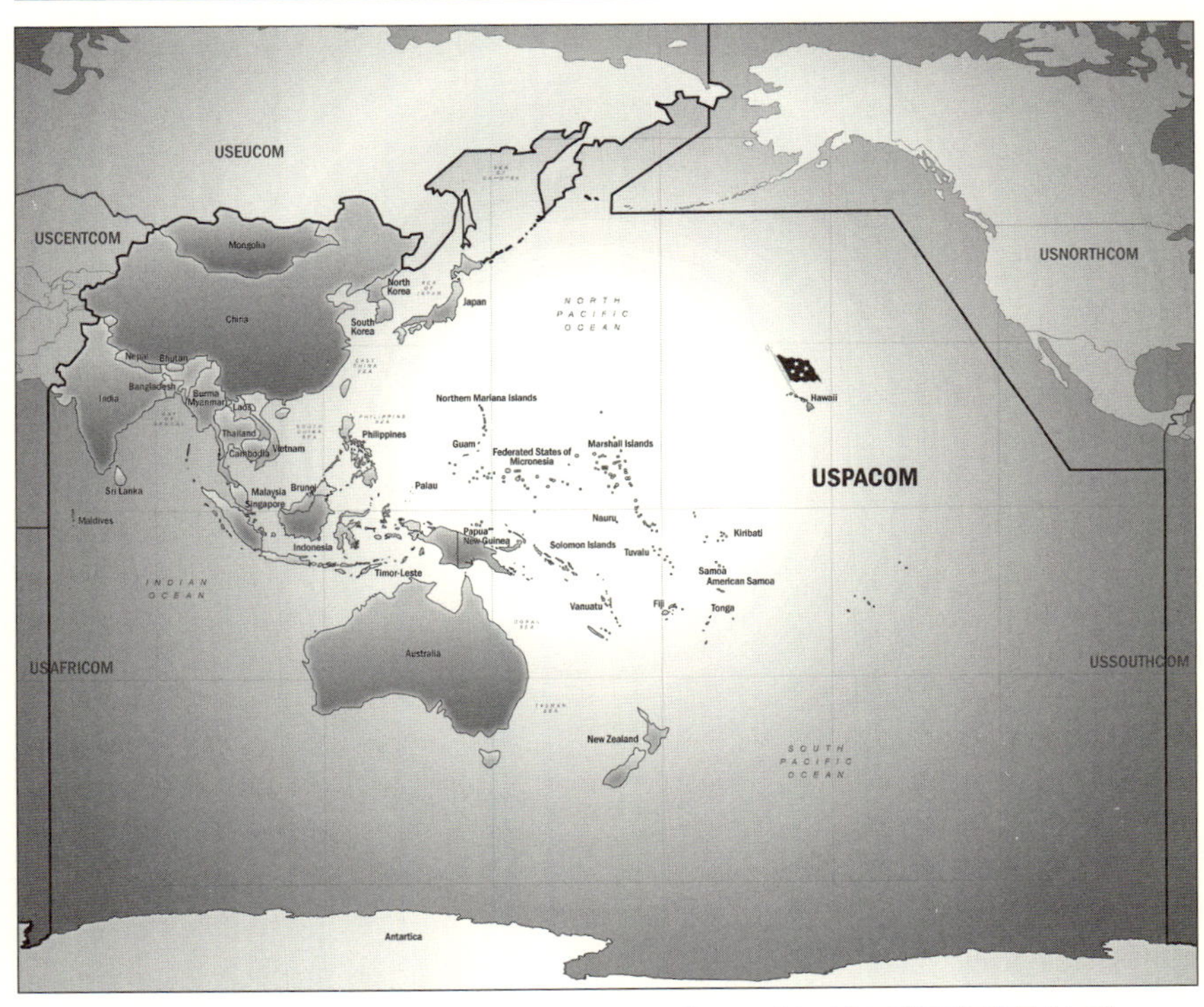

出所：http://www.pacom.mil/About-USPACOM/USPACOM-Area-of-Responsibility/（2018年5月27日アクセス）

冷戦終結後、米軍は「トランスフォーメーション」を押し進めた。この言葉が使われるようになったのはビル・クリントン政権期の一九九七年末から九八年頃とされている[11]。

「トランスフォーメーション」は「再編」と訳されることが多いが、現状維持を前提とする再編成ではない。軍事評論家の野木恵一は、トランスフォーメーションとは米軍を「現在の形から未来的な姿へと作り替えることであって、決して単なる部隊の再配置のことではない」とする一方、以前から進んでいた「軍事における革命（RMA）」と本質的には同じものであると指摘している[12]。

米軍のトランスフォーメーションは、東アジアにおける状況の変化が大きな要因となっているが、太平洋軍司令官を務めたデニス・ブレア海軍大将は二〇〇五年初めに行われたインタビューにおいて、その中に地政学的要因と軍事技術的要因があったことを明らかにしている。地政学的な要因はさらに四つに分かれ、第一に、同盟相手としての日本の成熟、第二に、中国の軍事力の増強と拡大、第三に、朝鮮半島有事へ対応の変質、第四に、イスラム原理主義の台頭による東南アジアでのテロの増加が挙げられている。もう一方の、軍事技術的要因とは、米軍の情報ネットワークが爆発的に発展していることを指し、具体的には、軍事情報収集、通信、コンピュータ使用の軍事決定、長距離精密兵器などがあるという[13]。

このトランスフォーメーションによって在日米軍がグアムに移転することが検討されている。それが実現すれば、日本の位置づけが低下するのではないかと懸念する声もある。それに対し、嘉手納(沖縄県)、横須賀(神奈川県)、三沢(青森県)という日本列島内の三大基地は米国の東アジア戦略にとって不可欠な存在であり、日本は米国の戦略構想の中心的役割を担い続けるとの指摘もある[14]。

ブレア大将は別のインタビューで、アジア太平洋地域でのトランスフォーメーションにおける日本の位置づけを問われ、「あえて重要度のランク付けをするなら、日本が一番、韓国が二番、アジアのその他の地域が三番、ということになるでしょうか。日本が最も重要だと思う理由は、在日米軍の再編が適切な形で、つまり、横須賀、三沢、佐世保、横田などのように米軍と自衛隊が施設を共用するならば、日本に安定した米軍のプレゼンスを維持することが米国の長期的、戦略的利益にとって最も重要だからです」と答えている[15]。

4 太平洋軍の組織

現在の太平洋軍の組織は図1-2のようになっている。司令官を頂点に、その下に副司令官、幕僚長がいる。

図1-2 太平洋軍の組織

太平洋軍司令部

司令官

副司令官

幕僚長

部局

J1 要員・人事部	J2 情報部	J3 作戦部
J4 兵站、技術、安全保障協力部	J5 戦略計画・政策部	J6 指揮管制情報通信部
J7 訓練・演習部	J8 兵力整備要求・評価部	J9 太平洋統括・軍政部

準統合軍

在日米軍司令官

在韓米軍司令官

太平洋特殊作戦軍司令官

構成軍

太平洋海兵隊

太平洋艦隊

太平洋陸軍

太平洋空軍

出所：以下を元に作成。http://www.pacom.mil/Organization/Organization-Chart/

部局は第一部（J1）から第九部（J9）まで九つに分かれており、各部は「要員・人事部」、「情報部」、「作戦部」、「兵站、技術、安全保障協力部」、「戦略計画・政策部」、「指揮管制情報通信部」、「訓練・演習部」、「兵力整備要求・評価部」、「太平洋統括・軍政部」を担っている。

太平洋軍の隷下にある準統合軍には、在日米軍（USFJ）、在韓米軍（USFK）、太平洋特殊作戦軍がある。

それらとは別に、太平洋軍を構成する下部構成軍として太平洋海兵隊、太平洋艦隊、太平洋陸軍、太平洋空軍がある。太平洋海兵隊はハワイ州オアフ島北部のカネオヘに、太平洋陸軍はオアフ島のホノルルに近いフォート・シャフターにそれぞれ基地がある。太平洋艦隊と太平洋空軍は、隣接する海軍の真珠湾基地と空軍のヒッカム基地を合わせたパールハーバー・ヒッカム統合基地を使用している。ヒッカム空軍基地はホノルルのダニエル・K・イノウエ国際空港と共用である。

その他、ホノルルのワイキキ・ビーチ近くには教育研修のためのダニエル・K・イノウエ・アジア太平洋安全保障研究センター（DKI APCSS）を持つなど、関連機関と専門スタッフを抱えている。

ハワイ州の島々には他にも多くの太平洋軍関連の基地や施設が置かれている（第三章を参照）。これらの部隊と人員は総計三八万人と言われており、太平洋軍は一〇ある米軍の統合軍の中でも最大規模になっている。

おわりに

日米同盟を議論する際には、一括りに「米軍」として語られることが多いが、その構造はきわめて複雑で、常に変化している。本章の執筆にあたり、匿名を条件にヒアリングした太平洋軍の元関係者は、「毎月のように組織が変化しているので、内部にいた者でも太平洋軍の全体像は分かりにくかった」と指摘する。

さらに大きな研究上の課題は、実際にアジア太平洋地域で有事が起きた場合、太平洋軍がどのような指揮統制の下で、どのような作戦を行うかという点である。先述のように、太平洋軍の下には、在日米軍、在韓米軍、太平洋特殊作戦軍がある。太平洋軍とこれらの準統合軍との間の関係は、複雑で、必ずしも一義的ではない。大規模な戦闘、小規模な戦闘、自然災害対処、警戒監視など場合に応じて、その都度判断が下されるというのが現実のようである。

二〇一五年後半からは南シナ海で中国海軍が積極的な動きを示しており、ハリー・ハリス太平洋軍司令官は、航行の自由作戦を展開するなど、緊張が一段と高まった。朝鮮半島でも北朝鮮による挑発的な活動が見られる。ゴールドウォーター・ニコルズ法で陸軍と海軍の諍いは沈静化したとはいえ、太平洋軍の司令官は海軍出身であり、在韓米軍司令官は陸軍出身である。組織上、在韓米軍は太平洋軍の下にあるが、実際に朝鮮半島で有事が起きた場合には、ワシントンDCの大統領と国防長官から在韓米軍司令官に直接命令が下される可能性がある。しかしながら、在韓米軍が抱える部隊の人員数はそれほど多くなく、また、在韓米軍司令官は国連軍の司令官および米韓連合軍の司令官も兼任するという複雑な組織構成になっている(第六章を参照)。

米国の首都ワシントンDCにある国防総省では、世界の一九〇カ国あまりを視野に入れなくてはならないのに対し、太平洋軍はアジア太平洋地域の四〇カ国弱を見ているだけなので、そこに温度差が生じているという指摘もある。太平洋軍は中国や北朝鮮の活動に対して強い関心を示しているが、ワシントンの大統領や国防長官は太平洋軍司令官の要請・助言に敏感に反応するわけではない。二〇一六年二月二三日に開かれた上院軍事委員会で証言したハリス司令官は、オバマ政権によるアジア太平洋へのリバランスが不十分だと指摘している[16]。

米国の太平洋軍を理解することは、アジア太平洋地域の安全保障、そして日本の安全保障を考える上でも重要である。本章はそのための一歩として、統合軍の組織と歴史について概観した上で、太平洋軍の位置づけについて確認した。

註

1——軍事ジャーナリストによる著書として以下がある。米軍特別取材班編『アメリカ太平洋軍の新戦略』(アリアドネ企画、二〇〇四年)。また、在日米軍司令部については、春原剛『在日米軍司令部』(新潮社、二〇〇八年)が詳しい。米軍のトランスフォーメーション(再編)に注目したものとしては、久江雅彦『米軍再編　日米「秘密交渉」で何があったか』(講談社現代新書、二〇〇五年)がある。また、米軍とともに中国の人民解放軍を取り上げたものとして、布施哲『米軍と人民解放軍　米国防総省の対中戦略』(講談社現代新書、二〇一四年)がある。本書の執筆メンバー、梶原みずほによる『アメリカ太平洋軍　日米が融合する世界最強の集団』(講談社、二〇一七年)も参照されたい。

2——United States Code, Title 10, §101.

3——戦闘軍の歴史と構造については以下を参照。Cynthia A. Watson, *Combatant Commands: Origins, Structure, and Engagements 1st Edition,* Santa Barbara, CA: Praeger, 2010.

4——United States Code, Title 10, §161.

5——ibid.

6——本章の以下の記述は次の文献による。Edward J. Drea, Ronald H. Cole, Walter S. Poole, James F. Schnabel, Robert J. Watson, and Willard J. Webb, History of the Unified Command Plan 1946-2012, Joint History Office, Office of the Chairman of the Joint Chiefs of Staff, Washington, DC, 2013, pp. 1-6.

7——菊地茂雄「米国における統合の強化——一九八六年ゴールドウォーター・ニコルズ国防省改編法と現在の見直し論議」『防衛研究所ニュース』二〇〇五年　7月号(通算九〇号)。以下も参照。Gordon Nathaniel Lederman, *Reorganizing the Joint Chiefs of Staff: The Goldwater-Nichols Act of 1986,* Westport, CT: Greenwood Press, 1999, pp. 106-107.

8——Ash Carter, "Secretary of Defense Speech, Remarks on 'Goldwater-Nichols at 30: An Agenda for Updating,'" CSIS Building, Washington, D.C., April 5, 2016.

9——PACOM, "History of United States Pacific Command," PACOM <http://www.pacom.mil/AboutUSPACOM/History.aspx>, accessed on March 6, 2016.

10——「ヘイズ米太平洋軍総司令官の上院軍事委員会公聴会証言〈抜粋〉　米ソ即応戦力の前線配備を」『世界週報』一九八七年三月一〇日、三四~四〇頁。

11——宇垣大成「米太平洋軍トランスフォーメーションの全貌」『軍事研究』第三九巻一二号、二〇〇四年一二月、三八～四九頁。

12——野木恵一「『トランスフォーメイション』の正体」『軍事研究』第三九巻一二号、二〇〇四年一二月、二八～三七頁。

13——デニス・ブレア、古森義久「日本の軍事力強化は東アジアの平和と安定にとって有益だ」『SAPIO』二〇〇五年三月二三日号、一〇一～一〇三頁。

14——斉藤光政「米軍再編最前線を歩く　空軍司令部グアム移転に隠された戦略布石　米太平洋軍司令部」『SAPIO』二〇〇五年一月一九日／二月二日号、一一〇～一一二頁。

15——辰巳由紀「どう向き合うか、米軍再編　ブレア元米太平洋軍司令官に聞く　沖縄の負担軽減は不可能ではない　自衛隊が日本を自力で守ることを期待する」『論座』二〇〇五年九月号、一七八～一八三頁。

16——Statement of Admiral Harry B. Harris Jr., U.S. Navy Commander, U.S. Pacific Command Before the Senate Armed Services Committee on U.S. Pacific Command Posture, February 23, 2016 <https://www.armed-services.senate.gov/imo/media/doc/Harris_02-23-16.pdf> accessed on May 7, 2018.

Photo: U.S. Navy photo by Mass Communication Specialist 2nd Class David A. Brandenburg

第2章 太平洋軍を必要とする米国の論拠

デニー・ロイ◆ROY, Denny

はじめに

米国の太平洋軍(PACOM)はアジア太平洋をその「担任区域」としている。本用語は米軍内ではごく一般的であり、「AOR」の頭字語で知られている。一部のアジア諸国の人々――特に中国人――は、米軍が自分たちの国に対する「担任」を当然のごとく主張しているとなれば、不快に感じるかもしれない。もし中国が人民解放軍内部に北米軍区を設ければ、米国人は怒りをあらわにするはずである。にもかかわらず、「世界の警察官」の任務に最適である米国人こそがその役割を担うのだと米国人自身が述べても、米国人の間で議論を呼ぶことはない。

ここで浮かぶ疑問は、なぜ米国はアジア太平洋地域(かつては米国の官僚機構により「極東」と称されていた)を管轄する大規模な軍事司令部を維持しているのか、なぜ同司令部は(アジアを拠点に)多くの人員および部隊の「前方展開」を継続しているのかということである。この疑問に答える前に、まず筆者が、太平洋軍に対する根底的な論拠と呼ぶ、世界最大の海の向こう側におけるこの莫大な投資を米国人に好ましいと思わせている戦略的論理を理解する必要がある。

前近代の中国やファシスト日本を含む、過去の強大な地域勢力と同様、米国は援助側である強国の自己利益のみならず、同地域の国々の利益を支える特有の地域秩序――明確な、かつ歴史的に独自の一連の原則、規則および国際問題の処理機関――を守っていると主張する。北朝鮮などの「ならずもの」国家を除き、ほとんどのアジア諸国は、米軍基地という形での米軍の駐留、米軍による中継地としての定期的な利用、米軍と地元軍との安全保障協力を含む、同地域における米国のリーダーシップを歓迎していると、米当局者らは決まって力説する。首都ワシントンDCはこれまで幾度となく、米軍の駐留により地域の国々の繁栄に欠かせない「安定性」が維持されているという主張を繰り返してきた。太平洋軍司令官ハリー・ハリスの言葉を借りるなら、二〇一五年に彼はこう述べている。「ここ七〇年間のインド・アジア太平洋地域全体における米国統合軍の永続的な駐留により、ルールに基づく国際秩序が維持されてきました……安定性、経済的繁栄および平和のための条件を設定することで、中国を含む全ての国家に継続的に利益をもたらすシステムです」[1]。

1　いかにして米国は「アジアの駐留勢力」になったのか

米国が一般的に「アジアの駐留勢力」[2]と称されることからも、米国の地位の特異性――地理的にはアジア域外に位置しながらアジアの覇権国[3]であること――は際立っている。

実際にアジアに「駐留する」米国政府の最大の部門は、日本や韓国などのアジア諸国における米軍基地という形を取る太平洋軍である。いかにしてこの状況に至ったのか、簡単にその歴史的背景を振り返る。

米国人はアジアにおいて主に三つのことに関心を寄せてきた。一つ目は貿易である。世界でこれほど大規模な経済的生産性が高い地域へのアクセスは、米国経済界、ひいては自国の繁栄にとって不可欠である。二つ目は防衛である。米国が海の向こう岸にまで影響を及ぼすことができる大国となって以降、米国人は自国とその同盟国の利益を念頭に置き、アジアの諸問題における舵取り役となるべく努力してきた。三つ目はイデオロギーに関することである。

初期の重要な米国指導者の多くは、キリスト教的世界観の中で新国家の樹立を考えていた。当時聖書のテーマは国民的アイデンティティの大部分を占めていた。

そこには以下の二つの根幹的な考えが含まれていた。①米国は恩寵にあふれた、比較的安全な「約束の地」であり、ヨーロッパの腐敗した束縛の多い社会から逃れてきたその住人たちが、自らの良心に従い、神に仕えるために自由を得るはずの土地である。②米国は模範的な社会であるから、神の恩恵である自由と民主主義を世界の残りの国々と分かち合う責任を有している。米国は中国をはじめとするアジア諸国へ数多くの宣教師を派遣した。彼らとその家族らは帰国後、影響力のある有権者となり、アジアを発展させるための米国の関与をパターナリズム（父権主義）的な形で推奨するだけでなく（善意を反映しているとはいえ、外国の異教徒を改宗させようとするキリスト教宣教師のやや横柄な態度もうかがえた）、概して無知な同胞というアジアに対する知識および態度を形成していった。

米国はしばしば、歴史的にヨーロッパ中心思考の国であり、アジアとの関わりよりもヨーロッパ諸国の問題や関係を遥かに重視していると見なされる。米国の議会調査局の報告書によると、米国の議員は未だに英国こそが最も親密な同盟国であると考えている[4]。それにもかかわらず、ヨーロッパで第二次世界大戦が勃発し、西ヨーロッパの大部分を制圧したナチスドイツがまさに英国へ侵攻しようという時、米国は介入を拒んだ。米国がヒトラーとの戦争に参戦したのは、真珠湾攻撃の後、ドイツが米国に宣戦布告した時だった。(ヨーロッパにおける地位とは)対照的に、第二次世界大戦前、米国はアジアにおける主役であり、フィリピンを占領し、仲間である西欧の植民地大国を支援するほか、日本の中国に対する領土拡張を制限し、日本への経済制裁によりこうした制限をさらに強化していた。

「マニフェスト・デスティニー(明白なる運命)」は、東海岸に樹立された若い国家こそが西部へ領土を拡大し、カナダとメキシコに挟まれた土地を太平洋に至るまで全て取り込むべきであると主張する米国人のスローガンだった。これを成し遂げた米国は、その影響力をさらに西のアジアへと広げていく。一八九八年には米西戦争における勝利により、アジアにおける最初の植民地を獲得した。それまでスペインの支配下にあったフィリピンである。米国は一部には、キューバおよびフィリピンにおける反政府コミュニティへのスペインの残虐行為の報告に対する抗議からこの戦争に踏み切ったが、その一方で米国自体、フィリピンの反政府勢力に対するスペインの作戦を封じる際、数多くの残虐行為を非難された。

アジアにおける新たな米国の駐留を維持するために海軍基地の必要性が高まり、これを機にワシントンDCはハワイ諸島の支配権を握ることを決意する。グロバー・クリーブランド大統領はこう述べている。「これらの島々は東洋およびオーストラシアの交通の主要路に位置し、実質的に米国通商の拠点であり、拡大する太平洋貿易のための足掛かりである」[5]。クリーブランドの後継者であるウィリアム・マッキンリーは、これは帝国主義だという多数の議会議員の反対にもかかわらず、併合を実現した。

クリーブランドの対アジア貿易への関心は、国内の多くの実業家と共通のものだった。米国の繁栄維持のためにアジアへの経済的アクセスを確保することは当たり前の考えだった。米国政府が懸念したのは、同地域の各国の政策がアクセスを制限するかもしれないという点である。こうした懸念の焦点は中国だった。一九世紀末、他の列強諸国が植民地所有のために中国をコラージュのごとく事実上分割し、それぞれを植民地化した政府による経済的支配下に置き、各地に排他的な勢力圏を設定しようとする可能性が出現し、米国は中国における経済的機会が脅かされるのを目の当たりにした。このため一八九九年、米国のジョン・ヘイ国務長官は、英国、フランス、ドイツ、ロシア、イタリアおよび日本の政府に、各国の勢力圏内でそれぞれが自国のために独占権また占有権を維持しようとせず、全ての国家に「貿易・航海における均等な待遇」を保証することで「門戸開放政策」を順守するよう求めた。米国の中国における関与の性質は多義的だった。ワシントンDCは、治外法権を含む、帝国主義列強の典型とも言うべき政策を中国で実施し、米軍を中国国内で自由に移動させ、中国の海関部門を管理した。その一方で、他の列強諸国による植民地化から中国を保護していると主張した。好意的かつ道義的でありながら同時に米国の国益を擁護する方法、とワシントンDCが述べるやり方で米国が影響力を駆使すること——これこそが後に米国のアジア政策における馴染みのテーマとなるのだが、本件はその初期の一例である。米国の干渉に対する中国の態度は、彼らが「列強八カ国」と呼ぶグループに米国を含めていることからも明らかである。

二〇世紀初頭の日本の政策は、米国の対アジア計画へ挑戦状を突き付けるようなものであり、以後数十年間、米国の政策を方向付けることになった。列強としての地位と自給自足を実現し維持するため、日本には後背地の植民地が必要だった。英国にはマレーシアが、オランダにはインドネシアが、フランスにはインドシナが、そして米国にはフィリピンがあった。日本はどうにかして同地域における自分たちの勢力圏を設定しようとしていた。一九三〇年代以前、米国の眼には、日本は米国を含む西欧諸国が定めた国際関係のルールを支持する国と映っていた。日本の指導者らは、国際法および協定、紛争の平和的解決を支持し、自由貿易への取り組みを行い、リベラルな国際秩序の基本原則を守ろうと努めているように見えた。二〇世紀初頭、米国政府はアジアの特定地域への日本の拡張主義に同意し、歓迎すらしたのである。ワシントンは日本を対ロシアの有用なバランサーかつ近代化に向けて力になる存在と見ていた。満州を支配するのは、門戸開放政策を支持しないロシアより日本の方が良かった。中国の旅順要塞におけるロシア艦隊への奇襲攻撃により、日本が日露戦争の戦端を開いた時、ニューヨーク・タイムズ紙はこの攻撃を「日本の戦闘部隊の冒険的かつ勇敢な偉業」[6]と呼んだ。一九四一年の真珠湾攻撃の際の描写とは全く対照的である。米国のセオドア・ルーズベルト大統領は日露戦争の講和を仲介し、これによりノーベル平和賞を受賞する。彼の解決策では、日本もロシアもアジアにおける西欧秩序を崩壊させるほどの強さを持つべきではないという米国人の希望を反映し、慎重な均衡が示された。日本は南満州および樺太島(南樺太)を獲得したが、ウラジオストクも、シベリアのいかなる地域も得られず、ロシアからの賠償金もなかった。

一九〇五年七月の秘密協定である桂・タフト協定——東京で行われた米国のウィリアム・ハワード・タフト陸軍長官と日本の桂太郎首相との会談の覚書——では、米国政府は日本の韓国における支配を承認する一方、日本は米国のフィリピンにおける支配に対して一切の異議を唱えないことに同意した。一九〇八年の高平・ルート協定は、韓国および満州を支配する日本の権利を認めたものである。当時日本は英国の正式な同盟国で、国際連盟の一員であり、日本の艦隊建造数を英国および米国よりも少なく限定した一九二二年のワシントン海軍軍縮条約への調印国でもあった。

しかし、一九二九年の世界恐慌の始まりとともに、西欧列強は、日本がアジアにおける西欧の政策に対して次第に断固反対の立場を取り始めたと見るようになる。世界恐慌により西欧の国際秩序における日本の自信は大きく揺らいだ。西欧諸国側も、他国の利益を害し、国際的な経済システム全体に打撃を与える自国保護の国家主義的政策へと転換を図った。米国では、一九三〇年のスムート・ホーリー法により、日本からの輸入品に対する関税が二三%引き上げられ、一九二九年から一九三一年の間に、日本の国際貿易量は半分にまで落ち込んだ。日本は一九二〇年代にわずかな期間、民主主義政府を試行したが、世界的景気後退は軍民問わず多くの日本人支配層の間で資本主義と自由主義に対する反感を生んだ。こうしてアジアにおける勢力圏を築き上げる一方、日本が西欧列強に便宜を図る傾向は薄れていった[7]。

中国(の問題)は日本にとって戦略上、泥沼と化していった。この紛争は日本の軍事的関与を一層深めると同時に、中国心臓部への日本の領土拡大は認めずとも満州支配は受け入れた西欧列強との関係を悪化させた。中国のナショナリストたちの行動主義は、地方の軍閥政治家である張作霖、後にその息子の張学良から支援を受け、日本の満州における活動を妨害した。満州の日本軍は、張の軍勢を駆逐して傀儡国家「満州国」を樹立し、上海に対する報復作戦を開始することでこれに応じる。米国政府は、満州当局が現地の米国の事業家らに対して差別を行わない限り、日本の満州支配に反対はしなかった。しかし、満州における地位は未だに脆弱だと感じていた日本軍指導者らは中国の他地域へ支配領土を拡大していく。一九三七年の盧溝橋事件により、蔣介石率いる中国国民党政府を倒すための短期戦と日本が考えていた戦いが始まった。日本軍は一年以内に、蔣介石の首都南京を含む、中国東部のいくつかの主要都市を掌握した。ところが、蔣は降伏する代わりに、日本兵が制圧するにはあまりに広大な中国の内陸部へ撤退した。こうして日本は、自立を実現するどころか長引く過酷な戦いのせいで、以前にも増して西欧諸国からの主要物資の輸入に依存するようになっていった。

中国における日本の戦いは欧米の植民地国に警戒感を与えた。米国当局者らは日本が一九四〇年八月に公式発表した「大東亜共栄圏」を、米国の繁栄を低下させる可能性をはらんだ閉鎖的経済圏と解釈した。日本の軍勢はその後、ヒトラーの植民地支配国フランスに対する勝利を利用してインドシナへ入るとともに、中国への重要な供給路であるビルマ公路を閉鎖するよう英国に求める。西欧列強はこうした動きを、日本に英国とオランダのアジア植民地を奪取する意図があったことの証と捉えた。日本が枢軸国の同盟に参加し、ヒトラーと提携すると、日本の目的に対する警戒感は一層高まり、ワシントンDCは日本軍が中国(満州を除く)から撤退することを要求した。また、一九四一年一〇月、日本の野村吉三郎駐米大使との交渉の中で、米国のコーデル・ハル国務長官は、日本は西欧が築いた地域秩序の主要原則(他国の領土保全への尊重、他国の内政への不干渉、均等な経済的機会、平和的手段のみによるアジア太平洋地域における政変)を守るよう求めた。

米国は日本に対する経済的・軍事的圧力を次第に強め、中国への軍事援助を増加し、大規模な軍艦建造プログラムを開始したほか、太平洋艦隊の母港を米国西海岸から太平洋の中間地点であるハワイの真珠湾へ移した。また、鉄屑および石油を含む、日本への主要物資の供給を削減または中断した。当時日本はガソリンの九〇%、全燃料種の八〇%を米国から輸入しており、石油がなければ中国における戦争を継続できなかった。東条英機首相率いる日本の軍事政権は、(中国における後背地の維持を土台として)強国になるという願望を断念するか、石油の代替資源を入手するかの選択を迫られた。日本は後者を選ぶ。インドネシアにおけるオランダの油田を確保するには、シンガポールとフィリピンにある英国と米国の基地を攻略する必要があり、これらの征服地を維持するには、真珠湾にある米国の太平洋艦隊を破壊する必要があった。太平洋戦争は本質的には西欧列強により形成された地域秩序を覆すための日本の企てだった。日本は、その秩序の範囲内では自国の願望を実現することはできないという結論に至ると同時に、米国のそれを固守する能力に疑問を抱いたのである。これは今日の中国政府の姿勢に重なるかもしれない。

真珠湾攻撃は米国人に怒りと衝撃を与えた。多くの米国政府高官は一九四一年末までに、日本との戦争が差し迫った状況だと考えるようになっていたが、東南アジアでの開戦を想定しており、ハワイではなかった。空母四隻とその支援船は察知されずに三五〇〇マイル(約五六三〇キロメートル)の距離を移動したため、日本の襲撃隊は米軍司令官らが可能だとは考えていなかった大胆かつ堂々たる戦術上の成功を収めた。しかしながら、この襲撃は日本にとって軍事的には成功だったものの、政治的には完全な失敗だった。日本の計画立案者らは、早期決戦によりワシントンDCに西太平洋での日本の覇権に同意させることを望んでいた。ところが、この攻撃を日曜日の早朝の卑劣な「奇襲」と捉えた米国人は激怒した。戦闘行為に先立ち宣戦布告することを国家に求める一九〇七年のハーグ(陸戦)条約を日本は一九一一年に批准したが、明らかにこれに違反したのである(通説では、野村および来栖三郎特命全権大使は攻撃直前にハルへ伝言を届ける予定であったが、遅れが生じ、その伝言を攻撃後に届けたとされる。だが、この伝言は日本が交渉を打ち切ることだけを伝えており、宣戦布告ではなかった)。

日本が旧式戦艦五隻を撃沈した褒美として得たものは、孤立主義を取る米国議会が、大日本帝国を後退させ、強制的に日本政府および政治制度を取り替えるために、総力戦全面支持へ転じるという結果だった。米国議会の上院が八二票対〇票、下院が三八八票対一票で、フランクリン・ルーズベルト大統領が求める宣戦布告に賛成票を投じた一九四一年一二月八日、日本の勝利は影に覆われた(徹底した平和主義者でモンタナ州出身の下院議員が唯一人の反対者だった)。

極めて無慈悲な太平洋戦争は、米国が決定的な戦略的影響力を及ぼしたいと考える地域と米国との間の文明上の違いを浮かび上がらせた。

米国人支配層は主に白人であり、程度の差はあれ、彼らはアジア社会を人種的に見て劣っていると考えていた。一八八二年の米国の中国人排斥法は、中国人の米国への移住をほぼ禁じるというものである。戦争が深みに入り込み、一九四三年に米国と中国が同盟国になると、米国政府は中国国民にとって侮辱的なこの法律を破棄した。米国人対日本人の激しい戦いの中、日本軍は民間人捕虜の殺害や奴隷化、戦争捕虜の虐待などの残虐行為を行ったが、米軍も都市の空爆に対する悪びれない姿勢、捕虜を取らない(情けをかけない)冷淡さなど、彼らなりの非道行為を行った。

真珠湾攻撃は、米国人が第二次世界大戦の経験により長い時間をかけて得た教訓のうちの一つを生んだ。次の解釈の正確さには疑問の余地があるものの、大部分の米国人にとって真珠湾攻撃は以下を意味する。①アジア太平洋地域の諸問題に対する米国の不注意と影響力の欠如により危機的状況が生じたと言える。②こうした危険は太平洋を超えて米国に緊迫した脅威をもたらしたと言える。③したがって、アジア太平洋の諸問題に対する米国の影響力を維持する意義は計り知れない。④米国の利益につながる地域秩序を強化することができるのは米国をおいて他にない。米国は戦後、西環太平洋地域において超党派的な長期の国際主義的政策を維持してきている。

第二次世界大戦直後の迅速な米軍の動員解除は、一時的にこの姿勢を弱体化させる恐れがあった。とはいえ、それは冷戦の始まり、特に朝鮮戦争の勃発により、東アジアにおける軍事力の優位性維持に対する米国の取り組みを再開するまでのことである。この地域秩序の防衛における米国のリーダーシップは、経済、外交、文化および軍事などの様々な形で発揮されている。米国の影響力の軍事的側面の管理は、ほぼ間違いなく最重要事項であり、米国太平洋軍の権限である。

2 根底的な論拠の一貫性

第二次世界大戦後のアジアにおける米軍駐留には、新たに二つの明確な責務があった。一つ目は、中国およびソ連からアジア諸国への共産主義の拡大を阻止することである。米国人は共産主義を、米国の繁栄と安全を脅かす、競合国の好ましくない世界制度と見ていた。他方、明らかにソ連は共産主義陣営の排他的な貿易圏に米国の貿易相手国を吸収しようとしていた。また、モスクワと北京は、米国寄りの政権を倒し、共産主義体制を敷くために戦っている武装組織への援助も行っていた。脅威に晒された国家およびその可能性のある国家を安心させることが、本取り組みの当然目指すべき結果だった。

二つ目の米国の目的は、米国の同盟国を牽制することである[8]。韓国の指導者である李承晩および中国の指導者である蒋介石は、それぞれの自国で再統一のため戦おうとしていたが、ワシントンは安定性を望んだ。また、多くの米国人および少なからぬ日本人が、一九五二年に米軍の占領が終結した後、日本は再び軍国主義に逆戻りするのではないかと恐れていた。日本の基地における米軍の永続的な駐留は、日本を脅かす共産主義大国とともに事実上日本も牽制することとなるが、公の場でこのように述べることは米国の指導者にとって得策ではなかった。中国の指導者でさえも、東アジアにおける米国の強固な軍事的配置の維持をメリットとして捉えていた[9]。

米国人が導き出した真珠湾攻撃の教訓の核心は、数十年を経て、ポスト冷戦時代に入ってからも大きな影響力を持っていた。一九九二年に暴露された米国上層部による計画書の草案は、当時政策担当国防次官だったポール・ウォルフォウィッツ――実際の執筆者はザルメイ・ハリルザド――の名から、ウォルフォウィッツ・ドクトリンとして知られるようになるが、当該文書は、米国のアジア戦略に関する方針の通常は明言されない軍事行動の根拠をあからさまに再確認するものだった。当該文書の要点として、以下が挙げられる。米国の方針は「敵対国」による重要地域(東アジア等)の支配を阻止するためのものでなければならない、米国は自国または同盟国の利益を脅かす、「もしくは国際関係を深刻に乱す可能性」のある「悪に対処する」ために備え、選択的かつ自国本位の世界の警察官でなければならない、そして、他の国家が「武力侵略」もしくは「米国のリーダーシップへの抗議または定められた政治的・経済的秩序を覆す企て」を行わないよう牽制するために必要な指導力を発揮すべきである[10]。

太平洋軍のようなものの必要性に対する米国政府の確信の揺るぎなさは、二〇一二年に発表されたオバマ政権の「アジアへのリバランス」政策(元は「アジア・ピボット(基軸)」)で説明されている。それは米国社会が戦争に疲弊した時期だった。アフガニスタンとイラクにおける長期戦は予想以上に犠牲が大きく、せいぜい曖昧としか言えない結果を生んだ。多くの米国人は自国の外交政策が過度に干渉主義的だと感じ始めていた。また、時を同じくして、二〇〇七年から二〇〇九年まで続く大不況が始まり、東アジアにおける米軍の大規模な前方展開維持の実行可能性は、国内で深刻に疑問視されるようになっていた[11]。

二〇一一年の予算管理法が命じた強制歳出削減により、米軍には世界中の担当任務を実行するうえで必要とされるリソースが不足する恐れがあった。しかしこのような不安が渦巻く中、ホワイトハウスは、たとえ他の地域で削減が必要になろうと、アジア太平洋地域における米軍の駐留が縮小されることはないと発表する。アジアにおける米国の軍事資産の相対的な漸増傾向は、すでにジョージ・H・W・ブッシュ政権の頃から始まっていた。米国海軍は保有艦船の総数を二〇二〇年までに二〇〇五年の二七五隻から三〇〇隻を超す数にまで増加させる計画である。また、米国国内から国外への部隊の母港移転は多くの場合、政治的に自国にも新たな受入国にも歓迎されないが、それでも前方展開を行う艦船の割合を増やす予定である。オバマ政権は、たとえ比較的困難な財政状況にあっても、アジアは米軍の縮小ではなく若干ながら強化を見ることになるだろうと断言し、同地域を拠点とする海軍船舶の割合を二〇二〇年までに現在の五五%から六〇%へ上昇させるとした。

現時点で太平洋軍に対する根底的な論拠は以下のとおり要約できる。①自然の成り行きに任せれば、米国の経済、安全保障またはイデオロギーにとって利益にならない結果を招きかねないため、アジアの国際関係に初期の段階で、直接的かつ短期的な影響力を行使することが好ましい。②アジア太平洋地域において米国の戦略的リーダーシップを維持することの利益は未知数だが、そうした利益は米国人がこのために支払う莫大な経済的費用を正当化するものであると米国政府は推定している。

この論拠には二つの重要な吟味されていない――なおかつ疑わしい――仮説が組み込まれている。

第一に、米国がアジアへの密接な関与を続けない場合、米国の利益に深刻な害を及ぼす結果を招く可能性が高いという仮説である。アジアは他の地域からベビーシッターを必要としている。さもなければ、結果として米国人の幸福に破滅的影響を与える戦争ないし悪の帝国の到来になりかねない。しかしながら、歴史的な経験は必ずしもこの仮説を裏付けるとは限らない。国際関係において頻繁に見られる現象は均衡を保つ行為である。すなわち、脅威となる国家が出現すれば、他の複数の国家がそれに対抗するために結束し、攻撃的な行動で利益は得られないことを脅威国に対して示すのである。このことがしばしば戦争を阻止し、平和的協力を通じて各政府はそれぞれの目標追求の方針に改めて取り組むようになる。言い換えれば、もし太平洋軍が明日消えたなら、アジア諸国が地域の平和、安定性および繁栄を維持する任務を見事に引き継ぐかもしれない。

二つ目の疑わしい仮説は、米国がアジアにおける戦略的リーダーシップの地位を無期限に維持できると考えていることである。今後米国が手強い対立者に直面することはないであろうから(もちろん、そうした対立の阻止は覇権の目標かつメリットの一つである)、覇権に係る費用負担は比較的楽なはずであり、また、米国経済は常に政府に十分な歳入を確保するはずだというのである。しかし、これらの条件はどちらも消えつつある。強い中国は米国が援助する地域秩序により設けられた境界線に押し迫りつつあり、その目的を遂げるためには紛争になるリスクを厭わないかのように見える。米国の支配維持は、その状況に不満な国々が弱い時にはたやすかった。だが、今や中国は圧倒的な軍事力と大規模な経済的影響力を有しているため、現状体制の維持には米国側にさらなる努力とリスク受入れを伴う。さらには、米国の長期的な経済の構造問題により、世界の国々の中でも群を抜く最も高額な防衛費を許容し続ける国民の意志に疑問が生じている。米国の二〇一九年度の防衛予算の総額は八八六〇億米ドルを超え[12]、第二位から第九位の国の軍事支出を合わせた額とほぼ同額である。この額のうち太平洋軍への正確な割当を特定するのは困難だが、太平洋軍は米軍の地域別の戦闘軍の中で最大であることから、米国人はアジアにおける米国の「覇権」を維持するため、およそ二〇〇〇億米ドルから三〇〇〇億米ドルを負担していると推測できる。

3　挑戦に晒される論拠

時代とともに戦略的、財政的に厳しさが増してきており、規模を抑えた米国のアジア戦略の方針に対する要求は高まってきている。一つの代替的な米国のグランド・ストラテジー(大戦略)は、「オフショア・バランサー」としてのアプローチである。本戦略は、米国が二つの大海により世界の他の主要大国から隔てられ、比較的安全な場所に位置しているという地理的な幸運を活かしたものである。米国はアジアにおける最強の「駐留」勢力たらんことを目指すのではなく、その兵力を撤退させて関与から手を引き、アジアに位置する諸国に、自分たちの紛争を解決させ、安定した平和を実現させようというのだ。もしそれらの国々が失敗し、紛争が勃発したら、米国は干渉すべきか否か、またいつ干渉すべきかを選択することができる。このため、米国人は地域管理の費用の支出を先延ばしにし、対戦国が地域諸国との戦いで弱体化したところで初めて参戦するということが可能になるのである[13]。オフショア・バランシング戦略は、米国が中国の強硬な態度を牽制するための行動、またはそれらに対抗するための行動を即座に取ることも、国際的な規則を強化することも、危機的状況にある友好国を防御する約束をすることも、もはやなくなることを示唆している。

米国のアジアからの戦略的な一部撤退または中国との大妥協を提言してきたアナリストたちもいる。元豪州政府高官のヒュー・ホワイトの見方では、基本的な問題は「最上位」を巡る争いだという。つまり、米国は（主として太平洋軍を通じて）アジア太平洋地域における戦略上の最強国という地位を維持することを主張し、中国が強国になることに盛んに反対する一方、中国はどうしても強国になることを望んでおり、そのために必要とあれば戦争を始めるだろうというのである。ホワイトの解決策は、米国が一方的にアジアにおける立ち位置を超強国から強国に格下げし、中国が強国になるのを阻むことをやめるべきである、というものだ。中国は覇権国より強国であることに満足するだろう、そして、それは幸運なことだ、とホワイトは述べている。なぜなら彼は、地域における優位性を躍起になって得ようとしている中国はアジアに長い敵対の時代をもたらす恐れがあると信じているからだ。「アジア協調」――中国、米国、日本およびインドで構成される――でもって、連帯して同地域の平和と安定性を管理することを彼は薦めている[14]。

米国にとっては縮小された戦略的役割、中国にとっては拡大した戦略的影響力、そして中国の同意を要する協議事項に基づく地域問題の連帯管理が実現すれば、太平洋軍を地域の安定性維持のために単独で負っていた「責任」から解放することになるだろう。

また、一部の時事解説者らは、米国は包括的な米中関係改善のため、中国を苛立たせる特定の政策を撤回するよう提言している。そうした政策のほとんどは、全体または一部が太平洋軍により実施されている。有名な一例として、中国の領海(沿岸から一二海里)外ではあるが排他的経済水域(沿岸から二〇〇海里)内での中国の行動に対する空または海からの厳しい監視が挙げられる。中国も加盟国である海洋法に関する国際連合条約は、同地域からの監視を禁じていないにもかかわらず、中国側は猛反発している。中国側の反対は、測量艦「ボウディッチ(Bowditch)」への妨害行為(二〇〇一年)、海南島沖における米国と中国の航空機の衝突(二〇〇一年)、中国船による米国海軍の音響測定艦「インペッカブル(Impeccable)」への妨害行為(二〇〇九年)へとつながった。評論家らはこれまでも、中国沖での米国の偵察は正当と認められるものなのか、または有益なものなのか、疑問を呈してきた[15]。数名のオブザーバーが、外国部隊による軍事偵察は基本的に敵対行為であり、国の排他的経済水域内では合法にすべきではないと主張する中国の言い分に一理あることを認めている。こうした行為は米国にとって利益よりも損失をもたらすという指摘もある。つまり、二国間争いの重要な争点を生み出す一方で、この情報収集形態の付加価値は(他の目障りではない方法と比較して)ほぼ間違いなく低いというのである。したがって、太平洋軍は同行為をやめるべきだと主張するアナリストもいる。

政策論議に繰り返し上るもう一つのテーマは、米国は事実上独立している台湾への支援を停止すべきであるということである。太平洋軍は現在の米国の政策に以下の三通りの形で関わっている。一つ目は、米国の国防総省に対して台湾への武器販売に関する提案を行うこと。二つ目は、米軍とROC(中華民国国軍)との間の支援プログラムを設置すること。三つ目は、ワシントンがPLA(中国人民解放軍)とROCとの間の軍事紛争に関与することを決定した場合に戦闘部隊を準備すること。米国政府は台湾を諦めるべきだという議論は、台湾が米中関係における唯一の二国間問題であり、二大核保有国間での戦争勃発は容易に想像し得るという見方に端を発している。

少なくとも台湾との名目上の政治統合を実現すること、または少なくとも永久的な台湾の独立を阻止することは、「失われた」国の領土を取り戻すと宣言している中国の共産党政権にとって重大な関心事である。一九五〇年以降、北京は分離を長期化させたことについて米国を非難し続けてきた。このため、戦略面で台湾から手を引くことにより、ワシントンDCは信用を勝ち取り、米国の「束縛」を恐れる中国と同盟を結ぶだけでなく、おそらく地域最大の火種を取り除くことができただろう、と言われている(これは、中華人民共和国の分析家の予測どおり、もし台湾が米国という庇護者を失った後、すぐに負けを認め、北京との和解を模索しようとしたなら、の話である)。本説に関する最近の解釈に、チャールズ・L・グレイサーの米中「グランド・バーゲン(大妥協)」構想がある。これは、北京が当該の領海紛争を「平和的に解決する」ことを約束し、「東アジアにおける米国の長期的な軍の安全保障上の役割を公式に認める」代わりに、米国政府は「台湾防衛のための関与を終了する」というものである[16]。別の分析家は、中国側の同等の戦略上の譲歩と引き換えに、ワシントンが提示すべき米国側の譲歩の包括提案の一部として、米国に台湾の放棄を薦めている[17]。

しかしながら、元の論拠の擁護者らは反論している。多くのオブザーバーが、二〇〇九年以降、中国の「強硬な態度」が目立ちつつあると言われる中、米国は少なくとも前方展開の姿勢を維持しつつ、アジアの秩序のルールを強化する決意を示さなければならず、そうでなければ、必要に応じて次なる措置を取る意思があることを中国に示唆するために警戒姿勢を強めるよう提案している。いずれの場合も太平洋軍の作戦は主要な政策ツールとなる。アシュリー・テリスは、中国の脅しに立ち向かえるよう、米国寄りの中国周辺国家の強化を求めている[18]。この強化には武器移転および軍事連携の両方が含まれる場合があり、太平洋軍は後者の主要な手段となる。ジョン・ミアシャイマーは、アジア版北大西洋条約機構(NATO)の結成という目的のもと、「できるだけ多くの中国近隣諸国から成る均衡を保つための協調体制」の構築を提唱している。また、「世界の海の支配を維持し、それにより中国がペルシャ湾、そして特に西半球といった遠隔地にまで確実に力を誇示するのを困難にするため」[19]、米国の再関与も促している。どちらの行動方針も、太平洋軍の維持、そうでなければ西太平洋地域への米国軍事力の大規模な配備による強化を必要とするものである。米国の退役海軍将官マイケル・マクデビットは、軍事能力向上のためフィリピンを支援すること、「南シナ海における米国の海・空軍の駐留を……目に見える日常の出来事にする」こと、日本、韓国、豪州およびインドといった国々の参加を呼びかけ、南シナ海の沿岸諸国とのより長期的な軍事演習を実施することなどを含む、中国の強硬な態度に対抗するための明確な太平洋軍中心の政策を提言している[20]。同様に、中国の弱みに対して米国の強みを強化し、対置させるというロバート・サッターの提唱には、太平洋軍にとって重要な役割(日本、フィリピンおよび台湾との密接な安全保障協力、同地域におけるさらなる米国軍事力の誇示)が含まれている[21]。

太平洋軍に対する論拠は、米国の歴史的経験に根差していると思われる。真珠湾攻撃は、アジアにおける危機事象の管理は米国の幸福に必要不可欠である、という米国人の見方を強めることになった。「強める」と記したのは、第二次世界大戦よりずっと以前から、すでにワシントンは米国に国益をもたらす状況をアジアで作り出そうとしていたからである。真珠湾攻撃は、アジアにおける米国の干渉の原因ともなり、また結果でもあった。ある意味太平洋軍に対する論拠は、歴史――厳密には一般的な米国の歴史認識――および国際政治の影響力という複合要因により決定づけられている。太平洋軍はその根底に超強国という米国の地位が反映されており、それは国の影響力をたとえ遠方でも重要地域にまで拡大することが望ましく、なおかつそれが実行可能であるという計算に基づいている。この望ましさは決して変わらないだろうが、継続的な実行可能性は変わりやすい。影響力のある豊かな国々には、より高い防衛レベルを求めて奮闘する余裕がある。前世紀の米国、日本、そして中国の安全保障政策には類似点が見られる。米国は一九世紀末、太平洋を巡る重要な構想に関わる能力を獲得し、アジアにおける帝国主義強国として主要ヨーロッパ諸国に仲間入りした。日本は世紀の変わり目に産業化・近代化を遂げると、すぐにアジアにおける自分たちの帝国を築くことを目指し、太平洋戦争の間、短命ながらアジア太平洋地域の覇権を実現した。中国はポスト鄧小平時代の今、その周辺地域においてさらに強大な支配力を獲得するため、増加した相対的な力を最大限活用しようとしている。これらの国々は、地域に対して高まった戦略的影響力を、増加する国家の安全保障対応の手段と捉えたのだ。太平洋軍の基礎となっている論拠は、当然のごとく米国の相対的な力の地位から生じている。つまり、能力が論拠を生むのであって、その逆ではない。米国の能力の優位性が損なわれれば、必ずその後継者となる当該地域の覇権国家は、軍事力を通じて戦略的な影響力を及ぼし、外部環境を支配しようとするであろうことが予想される。

註

1——Commander Harry B. Harris, "Remarks as Delivered", Stanford Center-Peking University, Beijing, China, Nov.3, 2015, http://www.pacom.mil/Media/SpeechesTestimony/tabid/6706/Article/627100/admiral-harrisspeech-at-stanford-center-peking-university-beijing-china.aspx.

2——多くの米当局者が本用語を使用してきた。ここでは国務長官時代のヒラリー・クリントンの例を挙げる。Hillary Clinton, "Remarks on Principles for Prosperity in the Asia-Pacific," July 25, Hong Kong, http://www.state.gov/secretary/20092013clinton/rm/2011/07/169012.htm (accessed Mar.1, 2016).

3——「Hegemon」(覇権国)とは、ある地域において他のどの国よりも遥かに強大で、結果的に同地域の国際問題にほぼ支配的な影響力を有する国を表す際に国際関係学者の間で使用される用語である。上記のような状況では、「hegemony」(覇権)が使われる。

4——Derek E. Mix, "The United Kingdom: Background and Relations with the United States Analyst in European Affairs," Congressional Research Service, Washington, DC, Apr.29, 2015, https://www.fas.org/sgp/crs/row/RL33105.pdf (accessed Feb. 24, 2016).

5——Walter LaFeber, *The New Empire: An Interpretation of American Expansion, 1860-1898* (Ithaca, NY: Cornell University

Press, 1998), 54.

6——*New York Times*, Feb.10, 1904, p.8.

7——Akira Iriye, *Power and Culture: The Japanese-American War 1941-1945* (Cambridge, MA: Harvard University Press, 1981), 2-3; LaFeber, *The Clash*, 154; Stephen R. Shalom, "VJ Day: Remembering the Pacific War," *Critical Asian Studies*, 37, no.2 (June 2005), http://www.zmag.org/zmag/articles/july95shalom.htm (accessed June 12, 2006).

8——Victor Cha, "Powerplay: Origins of the U.S. Alliance System in Asia," *International Security*, vol.34, no.3 (Winter 2009/10).

9——Gerald Curtis, "U.S. Policy Toward Japan, 1972-2000," in *New Perspectives on US.-Japan Relations*, ed. Gerald Curtis, 10 (Tokyo: Japan Center for International Exchange, 200; Michael Schaller, *Altered States: The United States and Japan since the Occupation* (UK: Oxford University Press, 1997).

10——Patrick E. Tyler, "U.S. Strategy Plan Calls for Insuring No Rivals Develop," *New York Times*, Mar.8, 1992, http://www.nytimes.com/1992/03/08/world/us-strategy-plan-calls-for-insuring-no-rivalsdevelop.html?pagewanted=all (accessed Feb.26, 2016).

11——一例として以下を参照のこと。John Mueller, "America Is Spending Too Much on Defense," Slate, Oct.3, 2013, http://www.slate.com/articles/technology/american_prosperity_consensus/2013/10/american_prosperity_consensus_is_excessive_defense_spending_the_most_important.html (accessed Mar.1, 2016).

12——Kimberly Amadeo, "U.S. Military Budget: Components, Challenges, Growth," About.com, Feb.15, 2018, http://www.thebalance.com/u-s-military-budget-challenges-growth-3306320 (accessed May 7, 2018).

13——Christopher Layne and Benjamin Schwarz, "A New Grand Strategy," *The Atlantic*, June 2002.

14——Hugh White, *The China Choice: Why America Should Share Power* (Carlton, VIC, Australia: Black Inc., 2012).

15——引用例はMark J. Valencia, "The South China Sea: Back to the Future?," *Global Asia*, vol.5, no.4 (Winter 2010).

16——Charles L. Glaser, "A U.S.-China Grand Bargain? The Hard Choice between Military Competition and Accommodation," *International Security*, Spring 2015, vol.39, no.4.

17——引用例はDonald Gross, *The China Fallacy* (New York: Bloomsbury, 2013).

18——Ashley J. Tellis, *Balancing Without Containment: An American Strategy for Managing China* (Washington, D.C.: Carnegie

Endowment for International Peace, 2014).

19——John J. Mearsheimer, “Can China Rise Peacefully?,” *The National Interest*, Oct.25, 2014, http://nationalinterest.org/commentary/can-china-rise-peacefully-10204 (accessed Nov.24, 2014).

20——Michael McDevitt, “Options for US policy toward the South China Sea,” PacNet #81, Nov.20, 2014, Pacific Forum CSIS.

21——Robert Sutter, “Asia’s Importance, China’s Expansion and U.S. Strategy: What Should Be Done?,” *Asia-Pacific Bulletin*, no.283, East-West Center-Washington, Oct.28, 2014.

第3章 ハワイと太平洋軍

——太平洋軍司令部を擁するハワイの歴史的背景と市民社会

梶原みずほ◆KAJIWARA Mizuho

はじめに

東に北米大陸、西に日本、南に豪州に囲まれた広大な太平洋のほぼ真ん中にハワイは位置している。北西から南東にかけて、ニイハウ島、カウアイ島、オアフ島、モロカイ島、ラナイ島、カホオラウェ島、マウイ島、ハワイ島からなる八つの島と、一〇〇以上の小さな島から構成され、二四〇〇キロにわたる火山群の中の列島である。西暦三〇〇年から七五〇年ごろ、太平洋の大海原を双胴カヌーと高度な航法技術によって航海したポリネシア人たちがこの地に住み始め、長い年月を経て、ハワイ文化の基礎が築かれた。やがて一八世紀末にハワイ王国が誕生して島々は統一権力の下に置かれた[1]。

太平洋軍（PACOM）はこのハワイの州都であるオアフ島ホノルルに司令部を置く。一九四一年一二月八日（現地時間七日）、日本軍による真珠湾攻撃によって日米開戦の火ぶたが切られたことからもわかるように、ハワイは地政学的に極めて重要な島であり、第二次世界大戦以降もその性格は変わっていない。ハワイは米国とアジアとを結ぶ「ゲートウェー」[2]であり、ワシントンとの時差が六時間（冬時間で五時間）、東京とのそれが一日違いの五時間（一九時間）差であることから、昼夜問わず、米国の軍事・外交戦略の調整役を担い、最前線に立つことを特徴づけられている。それは日本にとって、ハワイが「日米同盟」関係の維持や深化の「現場」であることをも意味する。

しかし、日本で太平洋軍が特に注目されるようになったのはここ数年のことである。

ハリー・ハリス司令官は、「米国は五つのチャレンジに直面している。北朝鮮、中国、ロシア、テロ、イランだ」と五つの課題をあげ、「そのうち最初の四つはアジア太平洋にある」と語った[3]。二〇〇一年の九・一一同時多発テロ以降、アフガン戦争とイラク戦争という中東における二つの戦争に軍事資産を集中せざるをえなかった米国が、中国と北朝鮮というアジア地域における国家安全保障上の新たな課題に直面することになり、いずれの国も担任区域（AOR）としている太平洋軍の動向が注目されるようになってきたからである。北朝鮮と中国だけでなく、米欧州軍（USEUCOM）のAORであるロシアに関しても、極東ロシアや北極海の安全保障面から太平洋軍が深く関わっている。フィリピン南部のミンダナオ島では過激派組織「イスラム国」（IS）の東南アジアへの浸透を阻止するため、「テロとの戦い」を遂行した[4]。

二〇一五年五月二七日に太平洋軍司令官に就任したハリスはバラク・オバマ政権の後半と、二〇一七年一月に発足したドナルド・トランプ政権前半の二つの政権下で太平洋軍を指揮した。オバマ政権下では、国際法を無視し、南シナ海の環礁を埋め立てて人工島を造成するなどして軍事拠点化を進め、太平洋とインド洋への海洋進出を狙う中国に対して、またトランプ政権下では、核・ミサイル開発を進め、弾道ミサイルの発射を繰り返す北朝鮮に対して、ハリス司令官がとる態度や発言は、米国内外の政策実務者やメディアから多くの注目を集めた。

日本の新聞各紙で記事データベースを検索してみると、「太平洋軍」の記述がある記事は二〇〇〇年代の一〇年と比較して、二〇一〇年から二〇一八年までの約八年で二倍近くに増えている[5]。また、前任者のサミュエル・ロックリア司令官と、ハリス司令官の名前で比較してみても、ハリス司令官は四倍にのぼっており[6]、歴代の太平洋軍を率いる司令官と比較しても突出している[7]。ハリス司令官が米海軍軍人の父と神戸出身の母をもつ日系米国人であることや、日本に幅広い人脈があることも影響はしているだろうが、太平洋軍とその司令部が置かれているハワイの存在感がいっそう高まっている証左といっていいだろう。

一方で、太平洋軍の動向が注目されることは、ハワイへの脅威の高まりも意味する。二〇一七年四月二七日、ハリス司令官は下院軍事委員会に、金正恩・朝鮮労働党委員長が「明らかにハワイを脅かしている」として、「陸上配備型の弾道弾迎撃ミサイルをハワイに設置し、レーダーの能力を向上することが必要だ」と述べた[8]。同年五月二二日、北朝鮮の国営メディア、朝鮮中央通信は、地対地の新型の中長距離戦略弾道ミサイル「北極星2」型の発射に成功したと報じ、このとき、同月一四日に発射した弾道ミサイルについて「米太平洋軍司令部のあるハワイと、アラスカを射程圏内に入れている」とハワイを名指ししたうえで、金正恩委員長は「我々の核戦略の多様化、高度化をいっそう進めなければならない」と強調した[9]。

年が明けて二〇一八年一月一三日午前八時七分、ハワイ州政府が「弾道ミサイル接近中」という緊急警報を誤ってハワイ全土の住民の携帯電話やテレビに発信した。警報が正式に撤回されるまでの三八分間、一部の住民がパニックに陥った。米連邦通信委員会(FCC)の調査の仮報告書[10]は、人為的なミスと、警報システムを防ぐ適切な防止策が欠如していたことを指摘しているが、北朝鮮による核弾道ミサイルをめぐって緊張が高まるなか、太平洋軍の前線基地を擁するハワイが核ミサイルの攻撃対象になりうるというリスクを、ハワイ市民社会が広く認識する契機になった。

本章では、いかにしてハワイがインド・アジア太平洋地域の安全保障の中心としての役割を果たしているかを概観する。そのうえで、一九世紀以降、米国が経済、軍事大国へと発展していく過程の中核をハワイが担い、地域統合軍の中で最も古く、最大の太平洋軍の歩みを、どのように下支えしてきたかを考察する。

1 太平洋の軍事交流の中心としてのハワイ

太平洋軍が責任をもつ担任区域は現在、以下の国々である。

- 北東アジア（五カ国）日本、中国、韓国、北朝鮮、モンゴル
- 南アジア（六カ国）バングラディシュ、ブータン、インド、モルディブ、ネパール、スリランカ
- 東南アジア（一一カ国）ブルネイ、ミャンマー、カンボジア、インドネシア、ラオス、マレーシア、フィリピン、シガンポール、タイ、東ティモール、ベトナム
- オセアニア（一四カ国）豪州、フィジー、キリバス、マーシャル諸島、ミクロネシア連邦、ナウル、ニュージーランド、パラオ、パプアニューギニア、サモア、ソロモン諸島、トンガ、ツバル、バヌアツ

米国本土の西海岸から、太平洋を挟んでインド洋まで、そして北極海から南氷洋までの広大な海と、これら三六カ国は地球の表面積の半分を占めており、太平洋軍は米軍の地域統合軍のなかでも最も広いエリアを受け持つ。

そして太平洋軍を特徴づけるのは単に担任区域の広さだけでなく、地域の多様性が群を抜いている点である。この地域には世界人口の半分以上が暮らしており、米国、中国、日本という国内総生産（GDP）の世界上位三カ

国が存在する一方、GDPの下位レベルであるツバルやキリバス、マーシャル諸島、パラオ、ミクロネシア連邦、トンガ、バヌアツ、サモア、ソロモン諸島も含んでいる。域内では三二〇〇の言語が話されている。また人口が一三億人と世界一の中国と、一二億人の第二位で「世界最大の民主主義国家」といわれるインド、二・五億人という「世界最大のイスラム国」インドネシアも入っている。

軍事面では、この担任区域において核兵器を保有しているのは米国、中国、インド、ロシア（ロシアは太平洋軍の正式な担任区域ではないが、極東や北極海の安全保障の観点から関与している）であり、これらに加えて北朝鮮が核保有に向けて開発を進めている最中である。

これらの国々の中で、米国が同盟関係にあるのは、豪州（太平洋安全保障条約：ANZUS）、タイ（ベトナム戦争終結後の一九七七年に東南アジア条約機構SEATOが解散した後も維持されている相互防衛義務）、韓国（米韓相互防衛条約）、フィリピンとの米比相互防衛条約、日本（日米安全保障条約）の五カ国である。

経済についてみれば、世界で最も混雑している海上交通路であるマラッカ海峡と南シナ海を含み、世界で最も活動が盛んな約一〇の港が所在する。

また、経済成長の中心が東アジアからインド洋地域へとシフトしているなかで、実質経済成長率が二〇一四年度に七・二%、二〇一五年度に七・九%、二〇一六年度に七・一%と高水準を維持しているインドは、グローバル経済の牽引役になりつつある。ユーラシア大陸からインド洋、南太平洋までに及ぶ地域の経済発展を標榜しつつ、政治、軍事の影響力拡大が伴っている中国の「一帯一路構想」[11]へのカウンターバランスとして、太平洋軍はインドとの安全保障面での連携とインド洋におけるプレゼンス強化を優先課題に位置づけている。

このように、太平洋軍は自らの役割を「米国の国益を守り、同盟国とパートナー国とともに、安全保障協力を通してインド・アジア太平洋地域の安定化を図る」[12]などとしているが、ハリス司令官はこの「インド・アジア太平洋」という地域が「意図的に」作られた概念であり、「インドが重要になってきており、これまでとは違った見方をしなければいけないからだ」と語っている[13]。

太平洋軍が描く世界を俯瞰すると、ハワイはインド・アジア太平洋における秩序を形成する中心と位置づけられる。特に、二〇〇九年一月に誕生したハワイ出身のオバマ大統領(大統領は米軍最高指揮官でもある)が米軍のアセットの六割を太平洋に配置するという「リバランス政策」を打ち出したことにより、ハワイを舞台にしてインド・アジア太平洋地域の国々との多国間の枠組みによる軍の交流、すなわち、軍人の往来や共同演習、艦艇の訪問などが加速した。

二年に一度、米海軍主催でハワイ沖を中心に行われ、世界最大の海上演習である環太平洋合同演習(RIMPAC)は年々参加国が増えており、二〇一六年は同盟国、友好国を中心に二六カ国、計二万五〇〇〇人が参加した。一カ月以上続く演習中は、ハワイのレストランやスーパーが、参加している軍人向けに商品や飲食の割引を行ったり、ポスターや垂れ幕を掲げたりするなど、街中は歓迎ムードに包まれる。

また、太平洋軍司令部に外国籍の軍人が配員される事例も増えている。なかでも、外国勢の中心は、米国とともに「ファイブ・アイズ」を構成する豪州、カナダ、英国、ニュージーランドの軍人たちであり、太平洋軍の各司令部において幹部ポジションを得て、太平洋軍との緊密な関係を保っている。

「ファイブ・アイズ」は五カ国それぞれのインテリジェンス機関が傍受した秘密区分の極めて高い情報などを共有する「UKUSA協定」が原点であるが、今日ではその特別な関係が、情報・諜報以外の安全保障全般に拡大しており、太平洋軍はその関係を示す端的な一例といえる。

なかでも、特筆すべきは太平洋陸軍の主要副司令官の二人のうちの一人が豪州人であることである。また、豪州は太平洋軍のインテリジェンスを担う情報部の「J2」と、戦略計画&政策部の「J5」のそれぞれ副部長格という太平洋軍の中枢を担うポストも占めている(いずれも二〇一七年現在)。

豪州同様にカナダも、太平洋軍に空軍出身の作戦副部長らを送り込んでいる。カナダは米国にとってジュニアパートナー的存在であるが、国土防衛任務の軍隊をまったく配備していない世界最長の国境線を共有する極めて近しい関係にある。また、両国は、世界で唯一、両国の防衛任務を単一指揮官が担う共同司令部である「北米航空宇宙防衛司令部」(NORAD)を設置している[14]。

ハワイには同盟国以外にも、アジアの軍人や文官らが多数訪れる。実務者レベルの交流の橋渡し役を担っているのがワイキキに所在する国防総省の「アジア太平洋安全保障研究センター(APCSS)」である。これは国防総省が持つ世界の地域別センター[15]の一つであり、現在は、太平洋軍から米国国防安全保障協力局(DSCA)の下部組織に移ったが、日々、太平洋軍と連携しながら、米国のアジア太平洋政策を体現する拠点となっている。同センターでは年間を通して太平洋軍が関係する会議や、テロ、人道支援・災害支援(HA/DR)、海洋安全保障、サイバーなどのテーマ別、北極海や朝鮮半島などの地域別の研修やワークショップが行われている。一九九五年の設立以来、二〇年で九一カ国、計一万九〇〇人以上の軍事や外交・安全保障の実務者たちが訪れた。

米国国防安全保障協力局の二〇一六年予算見積書によると、APCSSは年間で一二の研修コースを実施し、一一〇〇人が参加する。オバマ政権下では予算削減により国防総省全体が影響を受けたが、同センターの予算は微増しており(年間予算は約二〇〇〇万ドル、日本円で約二二億円)、米国のアジア太平洋重視の姿勢により任務が増大していることがうかがえる。

このように軍人が多く集まるハワイはインテリジェンスの舞台でもある。もともと真珠湾が攻撃されるはるか前から、米国とアジアの情報が行き交う中間点のハワイは多くの通信傍受が行われてきた。米国併合後には、米国西海岸から、ハワイ、グアム経由で日本やフィリピンにつながる大動脈を築いたことにより、それまで世界の通信ケーブルを支配していた英国に代わって米国が台頭するきっかけになった。多様な人種がおり、傍受内容を翻訳するために多くの言語を理解する人たちが暮らしている点も好都合だったといえる。現在も、アジアと米国を結ぶ海底ケーブルの多くが、ハワイで陸揚げされており、日々の世界の膨大な情報がハワイを通過している。

また、オアフ島中央部には国家安全保障局(NSA)の「クニア・フィールド・ステーション」、もしくは「クニア・リージョナル・シギント・オペレーション・センター(KRSOC)」があり、地下に広がる施設に約二七〇〇人が働いている。ここで世界から集められた通信傍受や偵察衛星の情報が解読、分析されている。コンサルティング会社ブーズ・アレン・ハミルトンから派遣されていたエドワード・スノーデンが、大量の機密情報を持ち出し、個人の携帯などの情報の傍受、監視する米政府のプログラム「プリズム」の存在を明らかにし、世界を揺るがした発信源でもある[16]。

2 ハワイが地域統合軍の拠点となるまで

一七七八年、英国の海軍士官であり、探検家でもあるジェームズ・クックがヨーロッパ人として初めてハワイ諸島を「発見」したとき、ハワイには先住民による独自の言語や文化、宗教で構成される社会システムが成立していた。このとき、先住民の人口は六八万三〇〇〇人だった[17](現在のハワイ州人口は約一四三万人)[18]。一七九五年、カメハメハ一世によってハワイ王国が建国され、その後、米国、英国、フランスなどの国々と通商協定などを結んでおり、米国は独立国家としてハワイを承認していた[19]。米本土からは布教や捕鯨産業に関わる人たちの往来があった。

捕鯨産業が衰退すると、白人たちが経営するプランテーションでサトウキビ栽培が盛んになり、砂糖が米国に向けて輸出されるようになった。南北戦争では南部産砂糖が北部に供給されなかったため、ハワイの砂糖は戦争特需によって七倍もの量が米国へ輸出され好景気を迎えたが、戦争が終わると、関税のかかるハワイの砂糖は販売額を減少させた[20]。

ハワイ王国は国の安定と経済状況の改善を追求するため、また米国への併合を求める米国系白人勢力による王国への政治的、経済的な影響力の強大化を避けるために、米国との関係強化を模索した。一方、米国側にも、英国やフランスなどのヨーロッパの国々からハワイへの影響力を排除したいとの考えがあった。

一八七三年、米国陸軍長官ウィリアム・ベルナップの秘密指令のもとでハワイの視察と調査が行われた。真珠貝が捕れたことから、ハワイで「水(wai)」と「真珠(momi)」をあわせた「ワイモミ(waimomi)」と呼ばれていたオアフ島南側の入り江一帯が、海軍の理想的な前線基地として認識された。入り江が狭く、水深が深い、現在の真珠湾である。

この調査には、オアフ島中央部に位置する陸軍基地「スコーフィールド・バラックス」の名前になっている元陸軍長官ジョン・スコーフィールドも参加しており、陸軍長官にあてた秘密報告書の中で互恵条約を通じた真珠湾の独占的な使用の必要性を訴えた[21]。のちに、上院議員ジョン・モーガンに宛てた手紙にも、ハワイは防衛しやすい軍事基地に適した場所だとし、太平洋と将来の中米地峡運河を攻撃する拠点として外国によるハワイ占領を防ぐためにも、米国によるハワイ獲得が必要である、と訴えた[22]。

一八七五年、米国とハワイの間で互恵条約が締結された。米国内には締結による経済的メリットを疑問視する見方もあったが、ハワイ港湾の他、いかなるハワイ領土も相談なく米国以外の国家に譲渡あるいは貸与しない、また特権も与えないとする領土特権条項を含めることで実現した。一方、ハワイ王国はこの互恵条約により、非課税で農産物を米国へ輸出できるようになった。さらに、一八八七年の互恵条約の更新の際には、七年の期限付きで米国による真珠湾の独占使用を認めることが盛り込まれた。この中には、米国船舶の港湾使用のため船舶への石炭供給または船舶の修繕に使う基地を建設し維持する特権、およびその目的のために米国が真珠湾を浚渫する権利を持つことが保障された[23]。こうした条約更新の背景には、ハワイ併合をにらんだ戦略的意図が含まれていた。

米海軍大学校の校長などを務めた海軍戦略家、アルフレッド・マハンの登場は、米国によるハワイ併合に大きく影響している。一八九〇年に発表した『海上権力史論』のなかで、海外市場と商船隊を保護するのが海軍の任務だと位置づけ、公海を「偉大なハイウェイ」として排他的な利用を否定し、商船隊や漁船、海軍それらを支える港や造船所などの「シー・パワー(海上権力)」が国家の繁栄と富の源であると唱えた[24]。その三年後には歴史家のフレデリック・ターナーが発表した論文「米国史におけるフロンティアの意義」がきっかけとなり、米国のフロンティアは消滅したという認識が広まる[25]。

一八九三年、ハワイ王国の弱体化をねらう白人実業家らの親米派に対し、リリウオカラニ女王に多くの権力を集中させたい王権派が抵抗していることに駐ハワイ合衆国公使ジョン・スティーヴンスは危機感を覚え、ホノルル港に停泊していた軍艦「ボストン」から武装した海兵隊一六四人を上陸させた。親米派は臨時政府を樹立し、米国にハワイ併合を求めた。しかし、第二四代大統領に就任したばかりで、海外領土の拡大に懐疑的だった民主党のグローバー・クリーブランド大統領は議会の関与していない「戦争行為」によるハワイ王国の転覆と臨時政府の樹立を認めなかった。このとき、ハワイ併合の動きを牽制するため、日本政府は邦人保護を理由に、のちに日露戦争での連合艦隊司令長官となる東郷平八郎率いる防護巡洋艦「浪速」と「金剛」の二隻をホノルル港に派遣している。

しかし、翌年、ハワイ王国最高裁判所の判事のサンフォード・ドールを大統領とするハワイ共和国が樹立され、リリウオカラニ女王はイオラニ宮殿に幽閉されてしまった。その後、海のフロンティア開拓に積極的だった共和党のウィリアム・マッキンリー大統領のもと、一八九八年にハワイは自治領として併合された[26]。

こうして「明白なる使命」[27]という考えのもと、本土の西部開拓を進めてきた米国は太平洋にも新天地を求めるようになり、米西戦争(一八九八年)ではスペインの植民地だったグアムやフィリピンを獲得した。ハワイは太平洋を横断する際の食料や物資の補給地点として地政学的な重要性がいっそう増したのである。大西洋と太平洋という二つの大洋を勢力圏に収めることになった米国はその後、覇権国家として繁栄していく。一九五九年、ハワイは正式に米国最後の五〇番目の州に加わった。

3 ハワイ日系人の第二次世界大戦における功績

第二次世界大戦におけるハワイの日系人の役割は、ハワイの市民社会と軍の関係を考察するうえで重要な歴史的背景といえる。ハワイの多くの日系人の若者が志願兵として米国に忠誠を誓い、戦史に残る活躍をしたからである。

日本軍によるオアフ島・真珠湾攻撃後、米国の日系人、とりわけハワイの日系人には疑いの目が向けられ、尋問されるなどした。フランクリン・ルーズベルト大統領は翌一九四二年、大統領令「九〇六六号」[28]を発令し、主に米国西海岸に居住していた日系人一二万人を、財産を没収したうえで強制収容所に隔離した。

こうしたなか、ハワイの若者で組織された陸軍第一〇〇歩兵隊大隊は、多くは米国生まれの二世であるにもかかわらず、敵性外国人に対する差別、黄色人種に対する人種差別と戦いながら、訓練を受けて戦いの準備をした。米国本土の強制収容所から志願した日系人らの部隊である第四四二連隊戦闘団に組み込まれ、イタリア戦線の最大の激戦地だった「モンテ・カッシーノの戦い」で大きな功績を残した。「前線から決して振り返らない兵士」として勇敢な戦いぶりで知られた。

その後、一九四四年一〇月にはフランス・ボージュの森で、テキサス大隊がドイツ兵に囲まれる事態を受け、第四四二連隊にこの「失われた大隊」を救出するための出動命令が出た。二一二人のテキサス兵を救うために、日系人兵士の死傷者は約八〇〇人にのぼった。第四四二連隊は米国戦史上、一部隊として最も多くの死者を出し、個人勲章一万八〇四三個という最も多くの勲章を得ている。

ヨーロッパ戦線でのナチスドイツ軍との戦いで活躍した日系人の中には、ハワイ出身のダニエル・イノウエもいた。ドイツの強固な防衛戦「ゴシックライン」の攻撃戦で小隊の先頭に立ち、右腕を失った。イノウエは終戦後、連邦上下両院で初の日系議員として下院議員に選ばれる。一九六二年に上院議員になり、二〇一二年まで五〇年近く、ハワイ州選出の上院民主党の重鎮として活躍し、移民法の改正など日系人の地位向上に努めた[29]。

こうしてイノウエは日系人社会の代表格として、いまも太平洋軍の記憶に刻まれている。オアフ島の「H2」、「H3」と呼ばれるハイウェイは主要軍施設と島の中心部をつないでいるが、イノウエの力で整備された。太平洋軍司令部の一室には「ダニエル・イノウエ・ルーム」という名の部屋があり、イノウエの若きころの白黒写真や経歴が掲げられている。海軍と空軍のパールハーバー・ヒッカム統合基地に配備されているC－17輸送機五機は「スピリット・オブ・ダニエル・イノウエ」と命名されている[30]。また、軍と共有しているハワイの玄関口であるホノルル国際空港は二〇一七年春に「ダニエル・K・イノウエ国際空港」に改称された。ハワイ州最大のハワイ島の中央部と東海岸のヒロ、西海岸のカイルア・コナを結ぶ州道二〇〇号線も別名ダニエル・イノウエ・ハイウェイとも呼ばれている。海軍のイージス駆逐艦「DDG118」もイノウエの名前がついて二〇一八年中に就役する予定である。米空軍が関与しているマウイ島のハレアカラ天文台にある建設中の太陽望遠鏡にも名前がつく予定である。ワイキキに所在する国防総省の「アジア太平洋安全保障研究センター（APCSS）」はセンター名の前に、「ダニエル・K・イノウエ」を付け加える形で、二〇一五年に改称された。

米国は「メルティング・ポット」、「人種・文化の坩堝」と形容されるが、特にハワイは全米五〇州のなかでアジア系人口の比率が三七・七%と高い[31]。自らのアイデンティティーを「混血」と認識している人がほぼ四人にひとりにあたる二四%と全米トップであり、二番目のアラスカ州（八%）、三番目のオクラホマ州（七%）を大きく引き離している[32]。

二〇一〇年国勢調査では、白人系が二四・七%、フィリピン系が一四・五%、日系が一三・六%、先住民のハワイアン系が五・九%、中国系が四%、韓国系が一・八%、黒人系が一・六%、サモア系が一・三%と続き、日系人はマイノリティーの中ではフィリピンに次ぐ割合を占める。

つまり、多民族で構成されるハワイ州のなかでも、人口比率の大きい日系人の存在と、彼らが戦史に残した大きな足跡は、現在の太平洋軍を支えるハワイ市民社会を形成するうえで大きな影響を与えたといえる。

4 ハワイに置かれる四軍種の司令部

現在の太平洋軍司令部は、パールハーバー・ヒッカム統合基地から直線距離で約五キロ、海面から一八〇メートルの高台にあるハラワ地区のキャンプ・スミス内に位置する。「スミス」は第二次世界大戦中、「水陸両用戦の父」といわれたホーランド・スミス大将の名に由来している。

太平洋軍は隷下の四つの軍種に支えられており、太平洋陸軍(USARPAC)はフォート・シャフター基地に、太平洋艦隊(PACFLT)と、太平洋空軍(PACAF)は二〇一〇年に基地管理の合理化をめざして統合されたパールハーバー・ヒッカム統合基地に、太平洋海兵隊(MARFORPAC)は太平洋軍司令部が入るキャンプ・スミスにそれぞれ司令部を構えている。

二〇一三年、太平洋陸軍の司令官が中将から大将に格上げされたことにより、現在、太平洋軍司令官と、同軍を構成する太平洋陸軍、太平洋艦隊、太平洋空軍の司令官の四人が大将クラスである。ハリス司令官は「ハワイはすべての米軍の軍種が地理的に近接しているところであり、司令官同士が直接顔をあわせ、共同での訓練や作戦を可能にしている」と述べており、それが太平洋軍の強みであることを強調している[33]。

太平洋軍司令部のある一帯はかつてサトウキビ畑だったが、一九四一年三月に海軍病院の土地として購入された。同年一二月の日本軍による真珠湾攻撃後、急ピッチで建設が進み、翌四二年にアイエア海軍病院が完成した。第二次世界大戦中は多くの負傷した水兵や海兵隊員が米本土に戻る前に収容され、一九四五年二月から三月にかけての硫黄島での戦い後は五六七六人の戦傷者であふれかえった[34]。太平洋軍司令部は、当初、一九四七年一月に真珠湾のマカラパ(現在は太平洋艦隊司令部が入る)に創設された後、一九五七年にキャンプ・スミスに移った。

現在、キャンプ・スミスの司令部は、二〇〇四年に完成した「ニミッツ・マッカーサー太平洋軍センター」というビルに入る。海軍出身の太平洋艦隊司令官兼太平洋戦域最高司令官チェスター・ニミッツ元帥と、陸軍出身の連合国軍南西太平洋方面最高司令官ダグラス・マッカーサー大将の二人の名を冠した建物の一階には、「二人の間には相違や競争があったものの、太平洋において米国を勝利に導く相乗効果があった。共通のビジョンと経験が統合作戦に生かされ、太平洋軍の創設と発展に大きく貢献した」と記されている。この二人は米国にとって太平洋戦争の英雄であると同時に、作戦の主導権を譲らず対立し、海軍と陸軍の戦略や組織文化の違いから生じた様々な障壁を浮き彫りにし、統合軍である太平洋軍の教訓として語り継がれている。

国防総省の「基地構成報告書」[35]二〇一五年版(二〇一四年九月三〇日時点)によると、ハワイには計一一〇の米軍基地があり、そのうち四六カ所について所有分とリース分の面積などの情報が明記されている。同報告書に記されている主要な基地は以下の通りである。

【オアフ島】

陸軍

①ウィラー陸軍航空基地(陸軍、ワヒアワ)

②フォート・ディルッシー(陸軍、ホノルル)

③スコーフィールド・バラックス（陸軍、ワヒアワ）
④フォート・シャフター（陸軍、ホノルル）
⑤マクア軍用地（陸軍、ワイアナエ）
⑥ディリングハム軍用地（陸軍、ワイアルア）
⑦カフク演習場（陸軍、カフク）
⑧クニア・フィールド・ステーション（陸軍、クニア）[36]

海兵隊

⑨海兵隊基地キャンプ・スミス（海兵隊、アイエア）
⑩海兵隊ベローズ訓練場（海兵隊、ワイマナロ）
⑪海兵隊カネオへ基地（海兵隊、カネオへ）

空軍

⑫カエナポイント衛星追跡ステーション（空軍、ワイアナエ）
⑬ベローズ空軍基地（空軍、カイルア）

海軍

⑭パールハーバー海軍基地（海軍、パールハーバー）

【カウアイ島】

⑮太平洋ミサイル試射場（海軍、ケカハ）
⑯バーキング・サンズ・コミュニケーション・ステーション（空軍州兵、ケカハ）

【ハワイ島】

⑰ポハクロア演習場（陸軍、ヒロ）
⑱キラウエア軍事キャンプ（陸軍、ハワイ火山国立公園）

この他に、陸軍はホノルルにトリプラー陸軍病院、ミリラニにキパパ弾薬貯蔵地区、ワヒアワにシグナル・ケーブル中継システムなどを、海軍はホノルル、パールシティ、ワイパフなど居住区やゴルフ場などの娯楽施設を、海兵隊はパールシティやエヴァビーチに居住区などを所有している。

ハワイ諸島の最北端に位置するカウアイ島西岸の「太平洋ミサイル試射場」は、潜水艦と水上艦、航空機などが同時に訓練でき、その結果を検証できる世界最大の設備であり、自衛隊も日本国内で実施できない訓練をするために使用しており、同じエリアに海軍と空軍の所有地が含まれる。

同報告書によれば、ハワイ州の米軍基地関連の土地は所有分とリース分を含め、約二三万四八九七エーカーにのぼる。ハワイ州全体の面積（陸地面積）は約四一一万四八四エーカーであるから[37]、ハワイ州に占める軍用地は五・五％という計算になる。ハワイ州の中でも最も人口が集中しているオアフ島に限った場合、その割合は二割程度にのぼる[38]。

米議会調査局の「連邦土地所有：概観とデータ」[39]によると、国防総省が管理する土地は、ハワイでは一六万三四六七エーカーあり、米全体の一一五八万九七六二エーカーの土地の一・四％である。一方、米国におけるハワイ州の面積は〇・一八％に相当するため[40]、他州よりも国防総省の土地が占める割合は高いといえる。

図3-1 ハワイ州における太平洋軍の関連施設

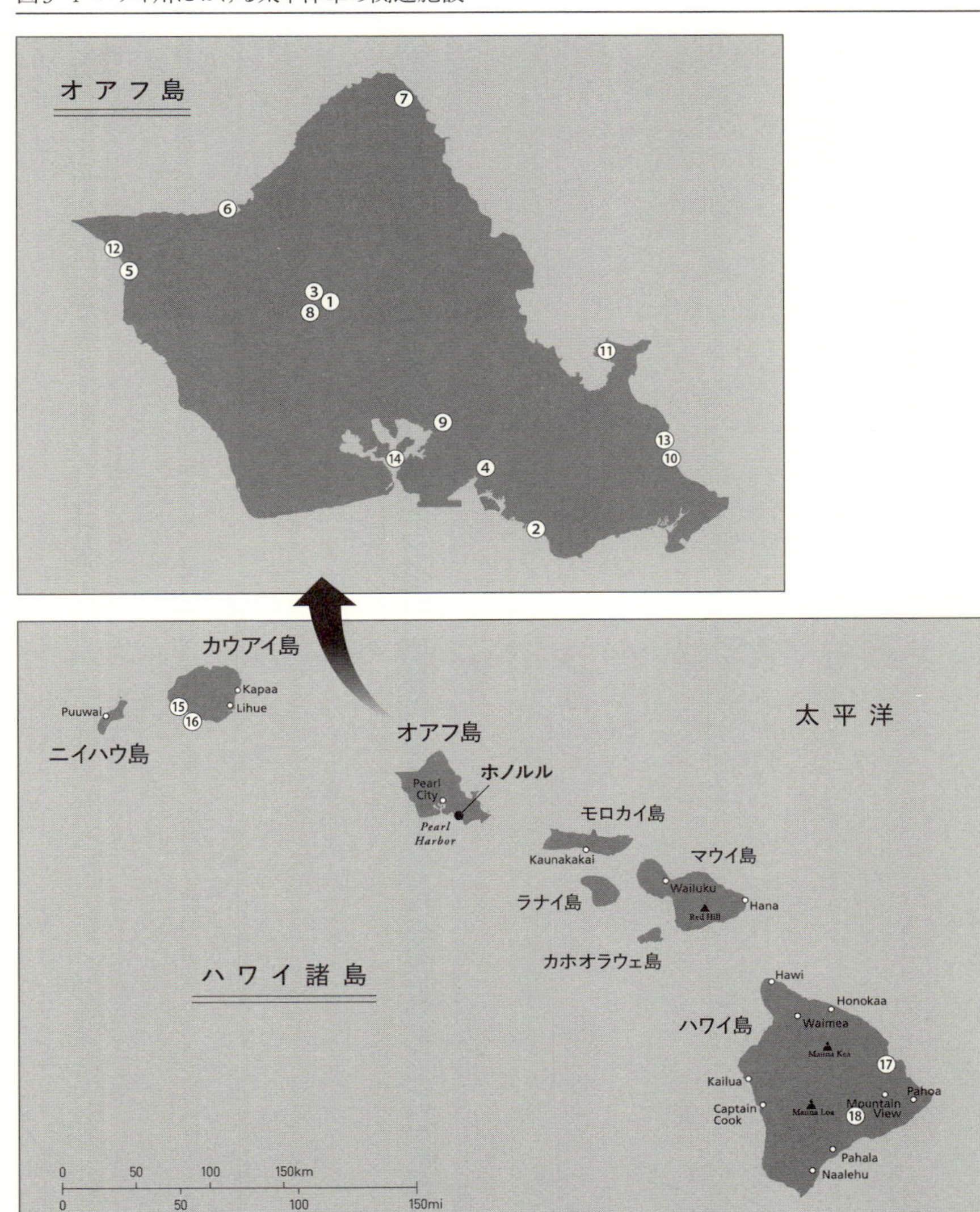

出所：国防総省「基地構成報告書」、©123RFの地図データなどをもとに筆者が作成。

5 ハワイ経済と軍の存在

太平洋軍全体の兵力は二〇一六年現在、軍人と文官あわせて約三八万人であり、その内訳は太平洋艦隊が一四万人、太平洋陸軍が一〇万六〇〇〇人、太平洋海兵隊が八万人、太平洋空軍が四万六〇〇〇人、太平洋特殊作戦軍が一万二〇〇〇人である[41]。

ハワイ商工会議所によると[42]、ハワイ最大の産業は観光業で、軍はそれに次ぐ産業である。直接、間接的な米軍によるハワイへの支出は一四七億ドルに達している。一〇万二〇〇〇人以上の雇用を生み出し、八七億ドルの家庭収入につながっているという。これはハワイ州全体の一六・五％にあたる。また軍による様々な投資は年間八八億ドル、軍物資調達は年間二三億ドルにのぼり、軍はハワイの中小企業にとって重要な契約先になっている。ハワイにはボーイング、ロッキード・マーティン、ノースロップ・グラマン、BAEシステムズ、ジェネラル・ダイナミックス、レイセオンなど、米国を代表する軍事企業のオフィスがあり、海軍研究所（ONR）や国防高等研究計画局（DARPA）といった国防総省予算を得て研究開発などに取り組んでいる[43]。

また、ハワイの軍人コミュニティーは一四万五九〇〇人にのぼる。内訳は現役軍人と予備役、沿岸警備隊の六万人、配偶者ら家族が六万六一〇〇人、国防総省の文官が一万九七二〇人。さらに一一万六八〇〇人の退役軍人が暮らしている。パールハーバー海軍工廠（こうしょう）はハワイ最大の産業であり、五〇〇〇人の文官、軍人が働いており、工廠単独で毎年九億二五〇〇万ドルの恩恵がハワイ経済にもたらされている。

また、米国のシンクタンクの一つ、ランド研究所によると、ハワイの経済の一八％が軍に依拠している[44]。この調査によれば、二〇〇七年から二〇〇九年の国防総省によるハワイ州での支出は年六五億ドルであり、このうち四一億ドルが人件費、二四億ドルが物資やサービス関連だった。このような支出は一〇万一〇〇〇人の雇用につながっているという。また物資調達の二〇%は学術研究や技術サービス産業に向けられており、いっそうの経済活動につながっているという。

このように、ハワイ経済において軍の存在は大きな比重を占めており、経済的な恩恵を受けていると見られている。しかし、単純に恩恵だけではないとする見方もある。

その一つが経済効果への疑問である。例えば、ハワイのデジタルニュース「ザ・ハワイ・インディペンデント」の記事[45]は、軍人が補助金による住居や医療保険の支給、食料や衣服を販売する専用施設の利用権利があるうえに、州税の免除制度があることなどに言及し、実際の軍人コミュニティーは「地元経済から隔離されている」と指摘している。軍人の住居についても「本土に拠点をもつ二大ディベロッパーによって管理されており、賃貸料の四分の一以上がハワイ州外へ流れている」としている。そのうえで、米軍が世界規模で進めている再編によって、沖縄に駐留している海兵隊とその家族がハワイに分散配置された場合、「すでに住宅不足や都市開発によって土地問題が深刻なハワイに、もっと住居や軍施設が必要になってくる」と、米軍再編のしわ寄せがハワイに及ぶことへの懸念を示している。

二つ目は環境への負荷である。米環境保護庁(EPA)は一九九五年、土壌汚染など環境汚染を調査して浄化する連邦政府のプログラム「スーパーファンド」の「全国優先リスト(NPL)」に、健康や環境への脅威となる軍関連施設の中でも原状回復のために最優先に取り組むべきとして「パールハーバー」(海軍基地)と「スコーフィールド・バラックス」(陸軍基地)の二つの基地を認定した。

米会計検査院の報告書「環境浄化 国防総省の六つの最優先施設の事例」[46]によれば、一九〇八年に設置された「スコーフィールド・バラックス」では一九八五年に飲料水に使用している地下帯水層から基準値を超えるトリクロロエチレンが検出された。また「パールハーバー」は一九九二年に、燃料や駆除剤、重金属、ポリ塩化ビフェニル(PCB)などの危険物の不適切な処理、廃棄による環境汚染が確認された。かつては妥当とされた投棄による長年の積み重ねとみられるが、パールハーバーは全国優先リストの中でも最も危険度が高かった。米軍の演習環境の整備と環境保護の両立を図る国防総省のプログラム「軍の即応性・作戦遂行能力と、環境保護の統合（REPI）プログラム」ではハワイの二〇一六年度のプロジェクトに計一億八七九万ドルが投じられており、一万三一五七エーカーの土地が保護されていると報告されている[47]。

オアフ島・ワヒアワの演習場での劣化ウラン弾の使用については、長年にわたって軍と先住民の間での懸案事項だった。非軍事化をめざし、ハワイ先住民の連帯をめざすネットワーク「DMZ（非軍事地域）ハワイ・アロハ・アイナ」によれば[48]、当初、軍は存在を否定していたが、演習場内から劣化ウラン弾が発見されたことから、低レベルで影響は少ないとしていながらも調査が進んだ。

また、カホオラウェ島は、太平洋戦争で米軍の上陸作戦の演習地として利用され、朝鮮戦争やベトナム戦争時には戦闘爆撃機の対地攻撃の演習に使用された。また一九六三年の部分的核実験禁止条約締結後に、核爆発の軍艦に与える影響を調査するため同島で三度にわたってトリニトロトルエン（TNT）五〇〇トンによる模擬核実験「セーラーハット」作戦が行われている。同島は一九九三年にハワイ州政府に返還されたものの、三〇年以上にわたる演習によって不発弾などの残骸があり、島の回復活動が続けられているが、いまも一般人は立ち入ることができない。

三つ目は、ハワイ先住民や、米国の自由連合協定により移住してきた太平洋諸島の国々の人たちの貧困問題である。

太平洋軍が管轄している三六カ国のうち、米国はパラオ共和国、ミクロネシア連邦、マーシャル諸島共和国の三カ国と二国間協定「自由連合協定」を結んでいる。これらの国は第二次世界大戦後から太平洋信託統治領として米国に統治され、自治国家として独立する際に外交権の一部と防衛権を米国へ委託し、一定期間の財政援助を受け取るというもので、この協定に基づき、米国はマーシャル諸島共和国のクワジェリン環礁などに基地を有している。

冷戦時代には同共和国のビキニ環礁やエニウェトク環礁が米国の核実験を支えた。また現在も、「ロナルド・レーガン弾道ミサイル防衛試験場」があり、米国機能別統合軍の一つである「米国戦略軍」（USSTRATCOM、司令部ネブラスカ州）の指揮下である「陸軍宇宙ミサイル防衛コマンド」が管理している。二〇一七年五月には大陸間弾道ミサイル（ICBM）の模擬ミサイルが同試験場からアラスカ南部の海上に向けて発射された後、カルフォルニア州バンデンバーグ空軍基地から発射された地上配備型ミサイルが撃ち落とし、ミサイル迎撃システムの実験に初めて成功した。

自由連合の住民は米国やその領土でほぼ無条件に就労や就学する特権を認められており、米国領グアムなどと並び、ハワイにはミクロネシア三国の移民が多く移住している。しかしながら、新天地での生活が保障されるわけではないため、貧困が目立ち、ホームレスになる人も多い。ハワイ先住民の場合は、米国への併合によって暮らしを支える土地を取り上げられたことや、米国への文化的同化の強制などが貧困の要因であるとの指摘もある。

全米五〇州のなかで住民一万人あたりのホームレスの割合が五一人と最も高いハワイ州では[49]、デビッド・イゲ州知事が二〇一五年に「非常事態宣言」を出している。ホームレスのシェルター利用者のうち、三〇%がハワイ先住民もしくはハワイ先住民の混血、次いで二七%がミクロネシア、マーシャル諸島もしくは他の太平洋諸島出身者が占めている[50]。

ハワイ大学などが二〇一六年一〇月、ワイキキの一二歳から二四歳のホームレス一五一人を調査した結果、初めてホームレスになった年齢が平均で一四歳、また全体の一三%が生活の糧として売春している実態が明らかになった[51]。また、ハワイ州のデータによれば、二〇一六年にはハワイ州全体でホームレスの数は七九二一人から七二二〇人と八年ぶりに九%減少に転じたものの、ハワイ州人口では四分の一にすぎないハワイ先住民とマーシャルやミクロネシアからの移住者たちが、ホームレス全体の四割を占めている[52]。

ミクロネシア三国との自由連合協定は二〇二四年まで延長されたが、トランプ政権はそれ以降の経済支援の延長には否定的であり、彼らが自国に帰らされる事態も予想されるなど、将来の見通しは不透明になっている。

土地に関しては、先住民による主権回復運動が一九七〇年代から続いており、一定の成果を挙げている。一九九三年にはハワイ王国の転覆と先住民の自決権剥奪に対する謝罪決議が米議会を通過し、ビル・クリントン大統領が署名した。オアフ島・ワイマナロの五五エーカーの土地にカメハメハ大王の末裔というバンピー・カナヘレを初代国家元首とする「独立主権国家」ができるなど、自治権回復をめざす複数の組織が存在する。

ハワイの一つの顔が南の島のリゾート、もう一つの顔が軍の基地だとすると、そのどちらの恩恵にもあずかれない人たちがいる。それがハワイの現実でもある。

おわりに

太平洋軍の歴史は、海兵隊の上陸に端を発したハワイ王国の転覆と、その後の真珠湾の軍事拠点化、ハワイ併合から始まり、太平洋艦隊の創設、真珠湾攻撃などを経て、第二次世界大戦後、地球の半分を担任区域とする米国最大の地域統合軍へと発展してきた。

そのことによってハワイが多くの犠牲を払ってきているのも事実であるが、ハワイ市民社会は太平洋軍とその隷下にある海軍、陸軍、空軍、海兵隊の存在をおおむね受け入れており、経済的にも社会的にも共存している関係といえる。

太平洋軍の任務は、中国やインド、朝鮮半島などで起きているパワーバランスの変化に伴い、年々増大している。さらに、担任区域は「環太平洋火山帯」に囲まれ、地震などの自然災害が多く、自国だけでは対応できない発展途上の国も多く含まれているため、常に即応性が求められている。また、他の地域軍への兵力提供もしていることなどから、太平洋軍は米国のみならず、国際関係のなかで重要なプレーヤーとして位置づけられている。

日本を取り巻く安全保障環境が流動化しているなかで、首都ワシントンに目を向けがちな日本にとっても、ハワイが日米同盟の現場であることを強く認識し、太平洋軍の動きを注視することが必要だろう。同時に、太平洋軍が担当している課題が多岐にわたることをふまえて、日本側も防衛省・自衛隊のみならず、例えば、海上保安庁による海洋秩序の構築や、警察庁によるテロリズムやサイバー犯罪対策などに関して、省庁の垣根を越えて太平洋軍とより柔軟に対応・関与できるようになれば、日米同盟を軸とした安全保障環境はいっそう強化されるものと思われる。

註

1——矢口祐人『ハワイの歴史と文化——悲劇と誇りのモザイクの中で』中公新書、二〇〇二年。

2——例えば、ハリス司令官は「ハワイは米国のインドアジア太平洋へのリバランスのゲートウェーである」と発言している。Admiral Harry. B. Harris, "PACOM Commander Credits Hawaii's Role in Indo-Asia-Pacific Rebalance," January 16, 2016, https://www.defense.gov/News/Article/Article/643413/pacom-commander-credits-hawaiis-role-in-indo-asia-pacific-rebalance/ (accessed on February 4, 2018). またヒラリー・クリントン元国務長官はハワイの東西センターでの講演で「ハワイは米国のアジアへのゲートウェーである」と発言している。Hillary Rodham Clinton, "America's Pacific Century," November 10, 2011, https://2009-2017.state.gov/secretary/20092013clinton/rm/2011/11/176999.htm (accessed on February 4, 2018).

3——筆者による二〇一六年八月時点でのインタビュー。梶原みずほ『アメリカ太平洋軍』講談社、二〇一七年、三三頁。

4——フィリピンでの戦いは、二〇一七年五月にミンダナオ島マラウィで過激派組織「イスラム国」に忠誠を誓う武装組織と、フィリピン政府軍との間で戦闘が続き、米軍は支援のため偵察機の他、特殊部隊を地上に投入した。同年一〇月にロドリゴ・ドゥテルテ大統領が「テロリストの影響から解放された」と終結宣言をしている。

5——あくまで参考データだが、検索データベース「日経テレコン」の「日経新聞各紙」と「全国紙」で、キーワード「太平洋軍」で調べたところ、一九五〇年代は五件、六〇年代は一〇件、七〇年代は六件、八〇年代は二一件、九〇年代は六七八件、二〇〇〇年代は一一二二件、二〇一〇年から二〇一八年二月四日までに一九五九件である。

6——右記と同様の条件で全期間においてキーワード「ロックリア司令官」と「ハリス司令官」を検索。ロックリア司令官は一〇八件、ハリス司令官は四六二件にのぼった。

7——右記と同様の条件で調べると、米軍原潜「グリーンビル」による愛媛県立宇和島水産高校の実習船「えひめ丸」沈没事故や米同時多発テロが起きた際の太平洋軍司令官だったデニス・ブレアは一二七件、「えひめ丸」事故当時に太平洋艦隊司令官も務めた後任のトーマス・ファーゴは三〇八件、ファーゴの後任のウィリアム・ファロンは五六件、ファロンの後任のティモシー・キーティングは一〇四件、キーティングの後任のロバート・ウィラードは一二一件であり、世間が注目した大きな事故当時などよりも、ハリス司令官の方が日本のメディアでの露出度が高いといえる。

8——Chris Jones, "Pacific Command Head Calls for Missile Interceptors in Hawaii To Defend Against North Korea," *American Military News*, April 26, 2017, https://americanmilitarynews.com/2017/04/pacific-command-head-calls-for-missile-interceptors-in-hawaii-to-defend-against-north-korea/ (accessed on February 4, 2018).

9——「ミサイル実戦配備承認　正恩氏が量産指示　北朝鮮」『朝日新聞』、二〇一七年五月二二日夕刊。

10——Federal Communications Commission Public Safety and Homeland Security Bureau, *Preliminary Report: Hawaii Emergency Management Agency's January 13, 2018 False Ballistic Missile Alert*, January 30, 2018, https://transition.fcc.gov/Daily_Releases/Daily_Business/2018/db0130/DOC-348923A1.pdf (accessed on February 4, 2018).

11——中国は二〇一三年に「一帯一路構想」を打ち出し、陸は中国から中央アジア・西アジアにつながる地域「新シルクロード経済ベルト」と、海は南シナ海からインド洋とアラビア海を経て地中海に至る海上交通ルート「二一世紀海上シルクロード」(別名：真珠の首飾り)において、送電網や港湾などの大規模なインフラ投資プロジェクトを通して新興国との関係強化を進めている。スリランカ・コロンボ港やパキスタン・グワダル港の建設などが進んでおり、将来的に人民解放軍の艦艇などのプレゼンスの常態化を米国やインドなどの関係国が懸念している。

12——太平洋軍のミッションは二〇一六年八月二二日付で更新された。そこには「USPACOM protects and defends, in concert with other U.S. government agencies, the territory of the United States, its people, and its interests. With allies and partners, we will enhance stability in the Indo-Asia-Pacific region by promoting security cooperation, responding to contingencies, deterring aggression, and, when necessary, fighting to win」と書かれている。"Unite States Pacific Command (USPACOM) Guidance," http://www.pacom.mil/Portals/55/Documents/pdf/guidance_12_august_2016.pdf?ver=2016-08-16-140701-960 (accessed on February 4, 2018).

13——梶原みずほ『アメリカ太平洋軍』講談社、二〇一七年、三六五頁。二〇一四年一〇月一一日のハワイで開かれた米日カウンシルの年次総会でのハリス司令官のスピーチ内容の一部は下記のサイトでも記録されている。"Admiral Harry Harris's Keynote Speech (Summary) - 2014 Annual Conference," http://www.usjapancouncil.org/admiral_harry_harris_s_keynote_speech_2014_annual_conference (accessed on February 4, 2018).

14——梶原、前掲書、二〇六頁～二一三頁。太平洋軍の各司令部に配員されている自衛隊員の規模などについては同書参照。

15——APCSS以外に、ドイツに「ジョージ・マーシャル・ヨーロピアン安全保障研究センター」、ワシントンDCの米国防大学内に「ウィリアム・ペリー・ヘミスフェリック防衛研究センター」、「アフリカ戦略研究センター」、「近東・南アジア戦略センター」がある。

16——太平洋の通信ケーブルや、ハワイの通信傍受の歴史については、土屋大洋『サイバーセキュリティーと国際政治』千倉書房、二〇一五年、が詳しい。また、スノーデン事件については、土屋大洋『暴露の世紀——国家を揺るがすサイバーテロリズム』KADOKAWA、二〇一六年、を参照。

17——Pew Research Center の調査(二〇一五年四月六日付)によると、一七七八年時点で、先住民人口は二〇万人～一〇〇万人と幅があるとも記している。Pew Research Center, "After 200 Years, Native Hawaiians Make a Comeback," http://www.pewresearch.org/fact-tank/2015/04/06/native-hawaiian-population/ (accessed on February 4, 2018).

18——二〇一七年七月一日現在、ハワイ州の人口は、一四二万七五三八人。"Hawaii Government, Department of Business, Economic Development & Tourism Census," http://census.hawaii.gov/whats-new-releases/2017-state-population-estimates/ (accessed on February 4, 2018).

19——一八四九年に米国とハワイ王国の間に対等な修好通商条約が結ばれている。

20——金澤宏明「米布互恵条約の締結とハワイ併合」『明治大学大学院文学研究論集』、第三〇号(二〇〇九年二月)、一四七～一四八頁、https://m-repo.lib.meiji.ac.jp/dspace/bitstream/10291/6969/1/bungakuronshu_30_143.pdf (最終確認二〇一八年二月一日）。

21——Tropic Lightning Museum, “Schofield Barracks A Historic Treasure,” August 2008, https://www.garrison.hawaii.army.mil/tlm/files/history.pdf#search=%27schofield+barracks+a+historic+treasure%27 (accessed on February 4, 2018).

22——金澤、一五六頁。

23——金澤、一五三頁。

24——アルフレッド・T・マハン（北村謙一訳）『マハン海上権力史論（新装版）』原書房、二〇〇八年。

25——Frederick Jackson Turner, “The Significance of the Frontier in American History,” A Paper Read at the Meeting of the American Historical Association in Chicago, July 12, 1893.

26——U.S. Department of State, Archive, “Annexation of Hawaii, 1898,” https://2001-2009.state.gov/r/pa/ho/time/gp/17661.htm (accessed on February 4, 2018).

27——「明白なる使命（マニフェスト・デスティニー）」は一八四五年、米国の編集者、コラムニストのジョン・オサリヴァンが用いたのが最初といわれる。合衆国の領土拡大、覇権主義を正当化する言葉として使われた。

28——特定地域を軍管理地域にする権限を陸軍長官に与えるもので、日系人が多く暮らしていた西海岸が指定され、日系人は立ち退きの対象になり、結果的に強制収容につながった。当時、人口の四割を日系人が占めていたハワイの場合は、特に危険と目された人物のみ選ばれて収容所に送られた。

29——ダニエル・イノウエについては、ダニエル・イノウエ、ローレンス・エリオット（森田幸夫訳）『上院議員ダニエル・イノウエ自伝』彩流社、一九八九年、が詳しい。

30——U.S. Air Force, “Hickam C-17 Dedicated in Honor of Late Sen. Daniel Inouye,” August 24, 2014, http://www.af.mil/News/Article-Display/Article/494633/hickam-c-17-dedicated-in-honor-of-late-sen-daniel-inouye/ (accessed on February 4, 2018).

31——数字は二〇一六年七月一日時点。United States Census Bureau, “Quick Facts, Hawaii,” https://www.census.gov/quickfacts/HI (accessed on February 4, 2018).

32——Pew Research Center, “Hawaii is Home to the Nation’s Largest Share of Multiracial Americans,” http://www.pewresearch.org/fact-tank/2015/06/17/hawaii-is-home-to-the-nations-largest-share-of-multiracial-americans/ (accessed on February 12, 2018).

33——二〇一六年九月、太平洋軍司令部において筆者によるインタビュー。

34——“History of United States Pacific Command,” http://www.pacom.mil/About-USPACOM/History/ (accessed on February

19, 2018).

35——Department of Defense, "Base Structure Report-Fiscal Year 2015 Baseline, A Summary of the Real Property Inventory," https://www.acq.osd.mil/eie/Downloads/BSI/Base%20Structure%20Report%20FY15.pdf (accessed on February 4, 2018).

36——クニア・フィールド・ステーションは、国家安全保障局（NSA）の「クニア・リージョナル・シギント・オペレーションセンター（Kunia Regional SIGINT Operation Center）」のこと。

37——State of Hawaii, Department of Business, Economic Development & Tourism, "2016 State of Hawaii Data Book," November 2017 update, http://dbedt.hawaii.gov/economic/databook/db2016/ (accessed on February 4, 2018).

38——「Base Structure Report」二〇一五年版に明示されているハワイ州の基地総面積は二二万四八九七エーカーになる。これから、カウアイ島の太平洋ミサイル試射場（四五六五エーカー）とバーキング・サンズ・コミュニケーション・ステーション（一一エーカー）、ハワイ島のポハクロア演習場（一三万一八〇五エーカー）、カワイハエ軍用地（一一エーカー）、キラウエア軍用地（七二エーカー）を引くと、八万八四三三エーカーになり、オアフ島の基地面積の割合はオアフ島（総面積三八万二四九〇エーカー）の二三・一％にあたる。しかし、どこにあるか明示されていない「other sites」の六四基地が二万五一九〇エーカーあり、これがオアフ島にないとすると、数字は一六・五％にさがる。いずれにしてもオアフ島の基地面積はオアフ島全体の二割前後を占めているといえる。

39——Congressional Research Service, "Federal Land Ownership: Overview and Data," March 3, 2017. The document is available at <https://fas.org/sgp/crs/misc/R42346.pdf> as of February 4, 2018.

40——米国勢調査局二〇一〇年のデータによると、米国の陸地面積（五〇州と首都ワシントンD.C.）は三五三万一九〇五平方マイル、ハワイ州の陸地面積は六四二二・六三平方マイル。"Guide to State and Local Census Geography," https://www2.census.gov/geo/pdfs/reference/guidestloc/All_GSLCG.pdf (accessed on February 4, 2018).

41——梶原、前掲書、一三二頁。筆者の太平洋軍司令部の聞き取りによるもの。

42——米軍にハワイにもたらす経済効果についてはハワイ商工会議所が様々なデータをもとにまとめている。Chamber of Commerce Hawaii, Military Affairs Council, "The Military in Hawaii," http://www.cochawaii.org/wp-content/uploads/MAC-Brouchure-March-2016-.pdf (accessed on February 17, 2018). Chamber of Commerce Hawaii, "Military Affairs," http://www.cochawaii.org/military-affairs/ (accessed on February 17, 2018). Chamber of Commerce Hawaii, "Military Impact in Hawaii," http://www.cochawaii.org/military-impact-in-hawaii/ (accessed on February 17, 2018).

43——Chamber of Commerce Hawaii, “Chamber of Commerce Hawaii to Discuss Economic Impact of Military on Hawaii,” July 9,2014, http://www.cochawaii.org/chamber-of-commerce-hawaii-to-discuss-economic-impact-of-military-on-hawaii/ (accessed on February 11, 2018).

44——James Hosek, Aviva Litovitz and Adam Resnick, “How Much Does Military Spending Add to Hawaii’s Economy?,” RAND Corporation, https://www.rand.org/content/dam/rand/pubs/technical_reports/2011/RAND_TR996.pdf#search=%27rand+how+much+does+military+spending+add+to+hawaii%27 (accessed on February 11, 2018).

45——Ikaika Ramones, “The True Cost of Hawai‘i’s Militarization: An Examination of the Costs and Benefits of Housing the U.S. Military Dispels the Myth that Hawai‘i Would not Survive without it,” September 11, 2014, http://hawaiiindependent.net/story/the-true-cost-of-hawaiis-militarization (accessed on February 17, 2018).

46——United States General Accounting Office, “Environmental Cleanup Case Studies of Six High Priority DOD Installations,” November 1994, https://www.gao.gov/assets/230/220691.pdf#search=%27environmental+clean+up+john+glenn+gao%27 (accessed on February 17, 2018).

47——ハワイのREPIについては次を参照。REPI, “Overview,” http://www.repi.mil/Portals/44/Documents/State_Fact_Sheets/Hawaii_StateFacts.pdf (accessed on February 17, 2018).

48——DMZ Hawaii, “Public Statement on Depleted Uranium,” January 5, 2006, http://www.dmzhawaii.org/wp-content/uploads/2008/12/dmz-statement-on-du.pdf#search=%27wahiawa+uranium%5B%27 (accessed on February 17, 2018).

49——Dan Nakaso, “HUD: Hawaii Still No. 1 in per capita Homeless,” December 6, 2017, http://www.staradvertiser.com/2017/12/06/breaking-news/hud-hawaii-still-no-1-in-per-capita-homeless/ (accessed on February 17, 2018).

50——Fox News, “Homelessness in Hawaii Grows, Defying Image of Paradise,” November 09, 2015, http://www.foxnews.com/us/2015/11/08/homelessness-in-hawaii-grows-defying-image-paradise.html (accessed on February 17, 2018).

51——Dan Nakaso, “Some Homeless Youth Oahu Forced into ‘Survival Sex,’” *Star Advertiser*, February 9, 2018, http://www.staradvertiser.com/2018/02/09/hawaii-news/young-homeless-on-oahu-are-forced-into-survival-sex/ (accessed on April 24, 2018).

52——“After 8 Years, Hawaii Sees Decline in Homelessness Rate,” Jun 18, 2017, https://www.pbs.org/newshour/show/8-years-hawaii-sees-decline-homelessness-rate (accessed on February 17, 2018).

第4章 国防総省と太平洋軍[1]

デニー・ロイ◆ROY, Denny

はじめに

太平洋軍司令官はしばしば、米国大統領に次いで「世界で二番目に強い影響力をもつ男」と言われる。太平洋軍は合衆国の地域別統合軍の中で最大の規模をもち、地球表面の半分を網羅する。太平洋軍と他の統合軍は、過度に自律的で影響力をもち過ぎるとの批判を受けることがあり、「まるで古代ローマ帝国の地方総督の現代版だ」と評されたこともある[2]。歴史家のリチャード・コーンは二〇〇二年に、「地域統合軍は担任区域、特に太平洋、中東、中央アジアにおいて多大な重要性をもつようになり、事実上、米外交政策の主要機関として大使や国務省に取って代わるほどになった」と論じた[3]。さらにその翌年、『ワシントン・ポスト』紙の調査ジャーナリストであるデイナ・プリーストは、一九九〇年代以降、米国の外交政策の形成やグローバルな影響力の行使において、地域統合軍の将官らが米大使、インテリジェンス機関、企業を凌ぐようになったと指摘し、「巨額の予算、およびホワイトハウスと国防総省（ペンタゴン）から得られる多大な政治的権威」がこれを可能にしていると論じた[4]。これらの評価からうかがえるのは、太平洋軍が、その公式の監督組織である、国防総省の国防長官府の統制を抜け出ているということである。しかし実際は、太平洋軍と国防総省の関係は複雑である。太平洋軍は確かに多大な権限と自律性をもっているが、太平洋軍の高官なら、国防総省から様々な制約を受けていること、そしてそれが太平洋軍のフラストレーションにつながっていることを直ちに指摘できるであろう。

　米軍の用語法で説明すれば、太平洋軍は「統合された戦闘部隊」の一つである。それが「統合された」軍であるのは、米軍の複数の部隊（陸軍、海軍、空軍、海兵隊）を含んでいるからである。「戦闘部隊」は、世界を複数の「担任区域（ＡＯＲ）」に分割したシステムを指す。超大国としての米国は、地球上のどの地域においても軍事力を行使する用意を整えている。この大規模な任務をこなすため、米国政府は特定の地理的エリアごとに分かれた指揮系統を打ち立てた。第一章でも見た通り、太平洋軍は、アジア太平洋地域をその担任区域とする統合軍である。他に、北米担当（ＮＯＲＴＨＣＯＭ）、中南米担当（ＳＯＵＴＨＣＯＭ）、ヨーロッパ担当（ＥＵＣＯＭ）、アフリカ担当（ＡＦＲＩＣＯＭ）、中東担当（ＣＥＮＴＣＯＭ）の統合軍がある。こうした地域統合軍の集合体の基礎には、地理的条件を重視するという前提がある。つまり、地球上のそれぞれの地域には固有の課題や機会があり、当該地域で活動する軍の司令官には専門分野に精通していることが求められる。その他、地理的条件以外の機能別に編成された三つの軍、すなわち、特殊作戦軍（ＳＯＣＯＭ）、戦略軍（ＳＴＲＡＴＣＯＭ）、輸送軍（ＴＲＡＮＳＣＯＭ）もある（二〇一八年五月にサイバー軍が加わった）。

　担任区域を有する数々の地域統合軍が、国際海域・空域と合わせて他国の領域をも網羅するというコンセプトは、超大国に特有のものである。この国家安全保障に対する米国のアプローチを日本人がよく理解するには、日本の海上自衛隊が日本の周辺海域を複数の軍管区に分割して捉えていることを想起すればよい。これと同じことを地球規模で行っているのが、米地域統合軍のシステムである。

アジア太平洋担任区域は大部分が海であるため、歴代の太平洋軍の司令官は、一九四七年の太平洋軍設立以来、常に米海軍大将が就いてきた。米国の戦略的思考に大きく影響を与えことになった第二次世界大戦中に、海軍が米軍の太平洋戦域における主要アクターとして台頭し、陸軍は補助的立場となったのである（対照的に、在韓米軍の歴代の司令官はいずれも米陸軍大将であるが、それは朝鮮半島で戦争が起これば主として陸上戦となり、空軍と海軍は補助的なものになるからである）。二〇〇四年に米国防長官が空軍大将のグレゴリー・S・マーティンを太平洋軍の次期司令官に推薦した時、海軍大将が同職を占めてきた伝統からの断絶になるだろうと言われた。ところが、マーティンはこの推薦を辞退した。これに先立ち、ジョン・S・マケイン上院議員（元海軍大佐で、海軍大将だった父親は太平洋軍司令官も務めた）が、米軍向けの空中給油機の取得に絡む汚職スキャンダルへの関わりについて、マーティンを厳しく追及していたためである。歴代の太平洋軍司令官が海軍大将によって占められてきたことに加え、ホノルルにある太平洋軍本部の資金も米海軍予算から出されている。

太平洋軍の支配的な文化が海軍のそれであるのも不思議ではない。それは、伝統的に陸軍が優勢なアジアの大部分の国々と異なる点である。しかしこのことは日本との共通点でもある。日本には海軍の強い伝統があり、海上自衛隊の能力は自衛隊全体の中で最も強力である。

太平洋軍司令官は、管理者・戦略家であるとともに、主として外交官の役割も果たす。太平洋軍司令官の公式声明は、同盟国や敵対国が米国の力について抱く確信、外国政府の安全保障政策、そして株式市場にすら影響を及ぼし得る。太平洋軍が戦闘準備以外の外交にどれだけ努力を払うべきかについては、米国政府内で意見が分かれている。一部の外国政府と米連邦議員は、太平洋軍がエネルギーの大部分を戦闘に向けることを望んでいる。しかしその他は、太平洋軍が同盟国、そして潜在的敵対国に対しても安心を提供することを望んでいる。自然災害発生後に人道支援を行うのは、太平洋軍の主な活動の一つとなっている。人道援助活動は米国のリーダーシップに対する地域の支持を広げ、米国政府と受益国政府の間の二国間関係を強化する。これは、戦略的ではあるが非軍事的な目的に役立つ、太平洋軍の軍事力の一例である。二〇一一年に日本の東北地方で地震、津波、原発事故の三重災害が発生した際、日本の被害者を支援するための「トモダチ作戦」が太平洋軍の兵員、船舶、航空機によって実施された。その後の世論調査で、日米同盟関係に対する日本人の支持が著しく高まったことが示された[5]。同様に、米国政府とインドネシア政府との関係も、二〇〇四年一二月の大規模津波発生後に太平洋軍がインドネシア支援ミッションを率いたことで、改善した[6]。

1 最大であっても最重要であるとは限らない

太平洋軍が地域統合軍全体の中でどの程度の重要性をもつのかについて、米国政府の見方はやや不透明である。経験の長い政府高官の中には、冷戦期こそヨーロッパが戦略上最も重要だったが、その後の米軍組織内では太平洋軍が地域統合軍として最も優先される重要部隊になったと考える者がいる。しかし他の当局者は、太平洋軍は地域統合軍として最重要だったことはないし、現在もそうではないと考えている。というのも、太平洋軍には、国防総省の下にある他の地域統合軍と比べて潜在的に不利な点があるからである。

アジア太平洋地域はワシントンから遠く離れており、国防総省の関心が向きにくいという当然の傾向がある。時差のために、国防総省と太平洋軍の勤務時間が重なるのは一日のうちわずか二時間または三時間である（なおこの違いは米本土でサマータイムがあるためである）。

米国のアジア太平洋同盟国は、米軍との共同作戦への貢献度についても、他の地域統合担任区域の同盟国（例えばNATO加盟国、アフガニスタンやイラクの米国支援政府）と比べて低いといえる。日本の自衛隊と韓国の軍隊の活動は自国の防衛にほぼ限定されており、豪州とニュージーランドの軍隊は小規模である。全体として、アジア太平洋における米国の安全保障パートナー国は、米軍にとって差引で利益にならず、負担となっている。

国防総省にとって最も優先度が高いのは、米軍が参加する戦争が起こっている、またその危険の迫った地域である。このため、二〇〇一年以降、主たる資源配分先となっているのは、アフガニスタンとイラクで参戦している中央軍である。この中央軍と異なり、太平洋軍の予備的予算は増加していないが、それは米国がアジア太平洋地域で地上戦に従事していないからである。オバマ政権が発表して有名になったアジアへの「ピボット（軸足の移動）」または「リバランス」政策は、実はオバマの前任であるジョージ・W・ブッシュ政権の下で本格的に始まっていた。しかし「テロに対する戦い」の下、中東に資源を集中する必要が生じたために勢いが鈍化した。太平洋軍が担任区域に米軍をもつのは、国防総省が特定の部隊を太平洋軍統制下に置く命令を出すことが前提となる。二〇〇一年九月一一日に米国に対する大規模連続テロ攻撃が発生した後、国防総省は太平洋軍に対して太平洋軍担任区域の軍事力を中東に向けるよう要請し、太平洋軍と国防総省の間に激しい摩擦が生じた。結局、当時のドナルド・ラムズフェルド国防長官（二〇〇一年〜二〇〇六年在任）が米軍の一部隊を韓国から引き上げ、イラクに移したが、この措置は恒久化し、当該部隊はそれ以来韓国に戻っていない。二〇一七年初頭にはまた、太平洋軍よりもヨーロッパ軍の方が注目を集めた。米国にとって、中国よりもロシアの方が切迫した戦略的問題となったためである。

太平洋軍担任区域の境界線も長年の間に変化しており、ワシントンから見たアジア太平洋地域の重要性が不安定であることを示している。歴代の太平洋軍司令官は、太平洋軍担任区域を「アジア太平洋」、「インド・太平洋」、「インド・アジア太平洋」などと異なる捉え方をしてきた。米国は東アジアに対して公式の安全保障義務を負っているが、南アジアに対してはないという事実が、この二つの地域を分ける基礎になっている。しかしインド洋と太平洋は歴史的、文化的、商業的につながりがある。中東の石油を北東アジア新興国に船で輸送するシーレーンがその象徴である。この問題はなお解決していない。米中央軍はアラビア海を網羅しており、インド洋の北西部が太平洋軍担任区域から切り離されている。またインド洋南西部は米アフリカ軍が網羅している。インド海軍が共同演習するのは太平洋軍だけであり、米中央軍とはまったくしないにも関わらず、である。

太平洋軍司令官と国防長官それぞれの（戦略的見通しや管理スタイルも含めた）パーソナリティも、この二つの組織の関係に決定的に重要となり得る。太平洋軍司令官は国防総省にいる国防長官の命令を受けるが、命令をどう解釈するかは司令官によって異なる。ウィリアム・J・ファロン司令官（二〇〇五年～二〇〇七年在任）は、中国は米国の安全保障に対する脅威ではないとし、台湾は米国にとって資産ではなく負債であるとの立場をとった。そのため、台湾に米国の潜水艦を売却することに反対し、米国が中国との関係を再強化することを支持した。対照的に、その後のロバート・F・ウィラード司令官（二〇〇九年～二〇一二年在任）は、中国との軍事衝突への準備を重視した。しかし、サミュエル・J・ロックリア司令官（二〇一二年～二〇一五年在任）は、中国と良好な関係を築くことを強調し、気候変動こそが当該地域における最大の長期的危険であると主張した。ところがハリー・ハリス司令官（二〇一五年～二〇一八年）の登場以来、振り子はまた元に戻った。南シナ海の人工島における軍事基地建設も含め、中国の安全保障政策を積極的に批判しているからである。

太平洋軍司令官の上司である国防長官の個人的傾向もまた、重要性をもつ。歴代の国防長官は、特定のグローバルな脅威に関する評価や、管理面の実践においてそれぞれ異なってきた。例えば、太平洋軍が国家安全保障会議等の政府の他の組織と話をする比較的幅広い自由度をもてるようにした者もいた一方で、より制限的な態度をとった者もいる。ハリス司令官は、米国大統領、連邦議員、その他政府高官と頻繁かつ自由に接触し、それが常態になっていると伝えられる。

米国のアジア戦略について、米国政府高官の間で異議が生じた場合は、太平洋軍司令官が自らの構想を実現する余地は大きい。二〇一六年のアシュトン・カーター国防長官と太平洋軍司令官ハリス大将の間の関係は、戦略と政策の考え方の面で比較的緊密だったと見られる。しかしそのような緊密な関係は、公式に太平洋軍司令官を指名するのが国防長官であるとはいえ、常に実現するわけではない。

2 太平洋軍と国防総省の緊張関係

太平洋軍と国防総省の間には、明らかな対立点がいくつもある。まず両組織の日常的な関心はそれぞれ異なる。国防総省は、連邦議員との議論、国内メディアや民間の様々なグループからの問い合わせへの対応、国防予算の管理など、米国内の政治活動に深く関わっている。国防総省の意思決定の基礎となっているのは、グローバルな展望および、困難なトレードオフを余儀なくされるその時々の必要性である。例えば、最近の米国の北朝鮮政策は、太平洋軍担任区域に当たるものだが、イランの核兵器開発を制止しようとする米国の努力が一部反映されていた。北朝鮮にどう対応すべきかを地域的文脈で考えたなら、世界のまったく別の場所での出来事を重視したものとは異なっていたかもしれない。提案されている活動や軍事的シグナルがもつ政治的効果について、太平洋軍の理解は時に不十分であると、国防総省の職員は考えている。

太平洋軍の関心はより狭く、アジア太平洋地域の軍事的安全保障の維持を重視する。太平洋軍の高官は、国防総省は任務のある側面に関して過剰に介入、干渉してくると考える傾向がある。太平洋軍の職員は、自分たちは国防総省の職員よりもアジア太平洋に精通しているのだから、国防長官府は太平洋軍の提言を一貫して受け入れるべきだと不満を表すことが多い。

太平洋軍のこの不満は理解できるものの、米国のアジア太平洋地域への戦略と政策を形成するうえで、国防総省の方が太平洋軍よりも能力が高いと見られている。全体として、国防総省の職員の方が太平洋軍の職員よりも質が高いとワシントンでは多くの関係者が考えている。米軍当局者の考えでは、アジアの専門家と見られることは、高位への昇級を目指すうえで最善の策ではない。そのため、有能な軍事アナリストは、ホノルルの太平洋軍司令部よりも国防総省の高級職員について調査する傾向がある。しかし、太平洋軍の職員は実際的な軍事的事項について国防総省に提言を行う能力がある。例えば、地域同盟国の軍との協力のしかたや、同盟国が軍事能力を高めるにはどのような支援が必要かといったことである。

太平洋軍と国防総省の間にある潜在的な政策の不一致は、米国政府の計画・政策形成に対して太平洋軍がもっている重要な発言力により、緩和されている。国防総省の文民の計画立案者は、太平洋軍司令官とその部下からのアドバイスや意見を求める。また、ワシントンにいるアナリストとアジア太平洋にいるアナリストの間には、相互交流の機会が頻繁にある。太平洋軍はまた、米統合参謀本部（JCS）の職員との間にも非公式の緊密な関係を有している。同じく国防総省にあるJCSは、四つの軍隊と州兵の最高指導者の集まりであり、その公式の任務は大統領と国防長官に勧告を行うことにある。太平洋軍司令官が政策形成に関してもつ影響力は、外国の指導者の考え方に精通していることが部分的理由である。それは、各国の指導者および軍司令官らと頻繁に会うことで実現している。米大使ですら、外国についての太平洋軍司令官の洞察は啓発的だと考える者が多い。

太平洋軍は、より大規模なインテリジェンス機関とも緊密に統合されている。太平洋軍司令官を含む地域統合軍司令官は、米国政府が作成する「国家情報評価（NIE）」に承認を与える。NIEは、特定の国家安全保障問題に関する権威ある評価であり、中央情報局（CIA）と国防情報局（DIA）を含む一六の情報局の調査を基にしている。統合軍はNIEを利用し、NIEに情報を要求することも多い。

太平洋軍司令官は、米国政府が指示する政策に反対の場合、公式のチャネル内で自らの異議を伝えられる十分な機会を有している。国防長官府は通常、政府の公式の立場を繰り返すか詳細に述べる以外は太平洋軍司令官が政策について公的に意見を表明しないことを望む。しかし実際には、太平洋軍司令官はその意に添わずに、政策の本来の目的を考慮しない意見表明を意図せず行ったり、ワシントンの指示とは異なる政策をとるべきであると、直接または間接的に、意図的に主張したりすることがある。時にこれが起こると、太平洋軍司令官は国防長官から私的に警告を受けることになる。

オバマ政権時代の最後の数年間、太平洋軍とワシントンの間で政策上の不一致が生じているとはっきり分かる事例があった。ホワイトハウスは、中国との戦略上の対立が米中関係における他の分野に結びつかないことを望んでいた。そのため、太平洋軍と国防総省は、中国に対立姿勢をとることにおいて孤立し、政府内の他の部局からほとんど支持が得られなかった。オバマ大統領自身、南シナ海に関して本格的かつ持続的な対中批判を行うのを控えていた。二〇一四年に米国の外交政策アナリストの間で習近平政権への失望が広がるようになったが、その時でさえ、大統領は中国政府に不満を表明する以上のことをしなかった。一方、太平洋軍のハリス司令官が、中国の南シナ海政策に反対するため、ホワイトハウスが許す以上の強力なキャンペーンの実施を支持していたことは、公式のメディア報告からも明らかだった[7]。

財政もまた、太平洋軍と国防総省のあつれきを生む分野である。国防総省は米軍部隊の間で資源の配分を決定し、部隊間では、限りある資金をめぐって激しい競争が展開する。部隊の司令部は、最悪の事態が起こった場合のシナリオを用意する。いずれの部隊も、考えられるあらゆる紛争シナリオにおいて、敵国および潜在的敵国に対し圧倒的に優位な軍事能力を有したいと考える。しかし米国の国防予算にかかる圧力は、二〇〇七年～二〇〇八年のグローバルな金融危機以来、著しく高まっている。無人航空機（いわゆる「ドローン」）をはじめとする特定の兵器システムは特に人気があり、あらゆる地域統合軍が取り合っている状態である。したがって、国防長官府は、合理性や現実性を超えた要求の扱いも含め、きわめて競争的な手続きを監督する立場に立つことになる。

太平洋軍には必要な資源を要請する責任があり、国防総省には、太平洋軍の予算要求を批判的に検討し、実際の配分を決定する責任がある。現実には、太平洋軍が要求する予算額に比べ、国防総省の提示する額が小さいために対立が生じることが多い。国防総省の予算アナリストは、太平洋軍が「合理的な量の」リスクを負って目的を達成するのに必要なのはどれくらいの額か、を基準とする。しかし、太平洋軍司令官にとっては「最小限の」リスクで目的を達成することが目標となる。国防総省の立案者から見れば、太平洋軍や他の統合軍は時に、「必要」と称して「希望」の額を提示してくる。一方、太平洋軍司令官は、国防総省がアジア太平洋地域から戦力を抜き取って他の担任区域の戦場にまわすのではないかと懸念する。この予算の戦いにおいて、太平洋軍は、中国の軍事力と活動が増していることから、その抑止と対応の任務はますます難しくなっており、そのため、現時点ではアジア太平洋における戦闘に米軍は関わっていないにせよ、より多くの資源を得る資格が太平洋軍にはあると主張する。太平洋軍司令官には、要求額が一〇〇%通ることはないとの想定の下、水増しした額を提示しておこうという思惑もある。

このような太平洋軍と国防総省の対立をポジティブに解釈するなら、創造的な緊張関係と捉えることもできる。ある問題について見解が異なる場合、それぞれの組織は相手を瀬戸際に立たせ、その提案を徹底的に検討する。時に論争的となるプロセスは、建設的なものであるといえる。それにより、国家安全保障の全体にとっては、よりよい結果が生まれるからである。国防総省と太平洋軍いずれの立案者・アナリストも、その多くは、特定の争点で負けることは確かにあっても、このシステムは全体として利点が大きいと考えている。

3　太平洋軍、国防総省、日本

国防総省と太平洋軍は日米の同盟関係を高く評価し、日本をアジア太平洋地域における米国の不可欠のパートナーと捉えている。日本列島を軍事的脅威から守るという決意は、太平洋軍の文化の一部である。多数の米軍兵士とその家族が日本国内に駐留していることから、太平洋軍司令官が日本の防衛について考える場合には、自国の仲間と家族の安全もまた危険にさらされているとの認識をもつ。F－35戦闘機等の新兵器システムの多くが、米国以外では日本に最初に配備されるというのも偶然ではない。日本に駐留する米軍は、朝鮮半島や台湾をめぐる紛争も含め、北東アジアで起きるいかなる有事においても決定的に重要となるであろう。日米同盟関係の重要性は、ロシア、北朝鮮、そして特に中国といった潜在的敵国の強引な行動が続く現在、日本政府にとっても米国政府にとっても高まる一方である。

日本人の多くは、日本にとって最も重要な米軍組織は在日米軍司令部（USFJ）だと考えている。しかし、日本人に影響が及ぶ可能性のある意思決定に関しては、在日米軍よりも国防総省や太平洋軍の方が重要である。日本政府高官は、在日米軍が時宜にかなった決定を行うことができないとして苛立つことがある。しかしこれは主に、三つ星の将官が率いる在日米軍が四つ星の大将が率いる太平洋軍の下部組織であることが理由である。しかも、在韓米軍とは異なり、在日米軍は行政司令部であって戦闘司令部ではない。米軍用語において在日米軍は「能力のあるジョイントタスクフォース」ではない。つまり、戦闘活動に対応できる要員を配置していないことを意味する。在日米軍はいわば、米軍基地の不動産を管理し、日本国内で米軍の広報を担当するホールディングカンパニーのようなものである。在日米軍は、太平洋軍が日本と意思疎通を図る時の仲介役である。日本において米軍の作戦統制を行う権限も在日米軍にはない。横須賀海軍施設に司令部を置く第七艦隊は、在日米軍ではなく太平洋軍の指揮統制下にある。日本に行政司令部を置き、韓国には戦闘司令部を置いているのは、朝鮮半島では紛争の危険が差し迫っているが日本はそうではないとの米軍の評価に基づく。日本が戦争に巻き込まれた場合には、米国政府は直ちに日本に戦闘要員を送り、在日米軍を戦闘司令部に転換するだろうと考えられる。

太平洋軍と国防総省の関係は、日本の防衛省と海上自衛隊の関係を見直すうえで一つのモデルとなる。太平洋軍はほとんどの活動に関して国防総省から特定の許可を必要としない。例えば、演習実施（他の地域軍との共同演習となることも多い)、外国への寄港、同盟国の能力ニーズの評価といった平時の定型業務がこれに当たる。通常の場合、太平洋軍は一般ガイドライン内で国防総省から独立して活動しており、太平洋軍と国防総省の両者がそれを利点と捉えている。太平洋軍の独立性は、海上自衛隊の独立性を大きく上回る。太平洋軍と国防総省はいずれも、海上自衛隊にさらに多くの自律性を与えることの利点を日本政府に是非認識してほしいと考えている。

基地問題、部隊のローテーション、合同演習、能力強化、地位協定(受入国における外国軍人の法的地位)といった様々な問題について、日本を含めたアジア太平洋諸国の大規模かつ多様なグループと直接的に対応するのは主に太平洋軍であり、国防総省ではないことを、日本人は理解する必要がある。各国にはそれぞれ独自性があり、日本はトンガやインドネシアとはまったく異なるパートナーである。このように多様なパートナーシップを管理するには、パートナー国それぞれの軍事、政治、法律、社会、ビジネス文化に関する専門知識が必要であり、そのような多大な任務を担う太平洋軍は称賛に値する。

国防総省と太平洋軍の当局者の多くが、米韓および米日の同盟関係を見直し、単一の三国間同盟を形成することを望んでいる。米国が韓国と日本のそれぞれと二国間同盟関係に立つ現在の取り決めは、朝鮮戦争(一九五〇年〜一九五三年)終結直後に結ばれたもので、もはや一九五〇年代の遺物である。二〇一七年になってもこの旧来の構造の下で朝鮮半島の紛争を管理するとすれば、非効率である。韓国は太平洋軍担任区域に入ってはいるが、韓国に駐留する米軍を指揮する在韓米軍(USFK)は、組織上、太平洋軍と同等であり太平洋軍に従属しない。在韓米軍司令官は四つ星の大将で太平洋軍司令官と同じ階級である。朝鮮半島で有事が発生した場合、太平洋軍、在韓米軍、米第七艦隊のそれぞれの責任がどうなるかは明らかでない。おそらく、紛争が始まった後、多数の司令官がこの問題に対処することになるだろう。そして、在韓米軍司令官に指定地域内の戦力の利用を許可し、韓国以外のアジア太平洋内の太平洋軍のどの戦力を韓国の軍事行動に追加的に利用するかを指示する命令が、ワシントンから発せられるであろう。

日本国内にある七つの軍事基地は、国連軍施設に指定されているが、それは朝鮮半島の紛争に米軍が関わる場合にきわめて重要になるためである。しかし日本人の多くは米軍基地が日本の防衛以外の有事に使われることに反対である。日本の自衛隊の最高司令部は長らく、韓国と日本を、潜在的な戦争における別々の戦域と考えてきた。しかし現在、日本の軍事立案者の中には、韓国と日本を単一の戦域と見る考えを支持する者もいる。それは、大規模な構造改革で米日韓の協力関係を強化改善すべきだと主張する、ワシントンとホノルル両方の米軍・政府高官の多くと一致した考えである。実は、三国間協力はすでに始まっており、協議や演習、計画を含めて拡大している。しかし直ちに問題となるのは、三国間の意思決定に関して制度的な構造と手続きがないことである。朝鮮半島で戦争が起きた場合に韓国を防衛するには、日本政府は、日本の資源を韓国支援に使えるよう迅速な意思決定を行う必要がある。ここで過度の遅れが生じれば、韓国の危険が増し、間接的に日本にとっても危険が増大する。ただし米国人は、日本と韓国の双方に政治的な障害があることを理解している。効果的なアプローチとして可能性があるのは、実務的・戦術的な三国間軍事協力に焦点を絞り、国家主義的な批判が拡大しないよう非公開でこれを進めることである。別の利点は、そのような三国間協力が対象とするのは中国でなく北朝鮮であることを明確にすれば、中国が不可避的に表明する不満の正統性を弱めることができる。

朝鮮半島で戦争が起きた場合、米軍が戦争の遂行方法を決定し、日本に協力を期待するであろう。太平洋軍司令官はこのプロセスにおいて、重要かつおそらくは第一位の役割を担うであろう。国防総省は作戦命令を発するが、その命令の概要は太平洋軍の提言に基づき決められるだろう。北朝鮮を含んだ戦争シナリオへの対処について太平洋軍がどのような決定を下すかは、日本にも影響を及ぼす可能性がある。ここには、日本政府が同意しない戦略を、日本人に支持するよう期待することになるという潜在的問題がある。日本人は、当然ながら日本中心に考えるが、米国人は米国の地域的・地球的な責任に基づいてより広い考え方をする。例えば、二つの戦争計画を想像してみればよい。オプションAは、韓国の戦力に大幅で迅速な支援を行うが、その代償として、北朝鮮が日本の領土にミサイルを発射するリスクが高くなる。オプションBはその反対で、日本にとってはより安全だが、韓国にとってはより危険性が増すものである。日本政府はオプションBをとりたがるだろうが、米国は日本の反対を無視してオプションAを採用するかもしれない。この種の問題を緩和するには、このような紛争が起きる前に密接に協議を行うことが役立つだろう。とはいえ、日米の利害が完全に一致することはない以上、問題がすべて解消することはありえない。

アジア太平洋地域の米軍の戦略に対し最終的な権限を有するのは、米国大統領の指示に基づいた国防総省である。太平洋軍は、たとえ太平洋軍司令官が反対であったとしても、国防長官府の直接かつ明確な命令には従わなければならない。しかし、国防総省は政策と戦略を決定するが、太平洋軍は日本とより直接的に接触しており、国防総省以上に日本の防衛計画にエネルギーを費やしている。安全保障上の脅威と作戦上の問題について、日本の事務レベルの防衛担当者は太平洋軍を通じて、米国の同レベルの専門家と議論することができる。日本人は、太平洋軍が地域の安全保障課題にどのように取り組んでいるかを注視するとともに、その計画プロセスへの関与を望むべきである。地域の多様な有事に関しての米国の計画と意図を最大限理解するには、国防総省とホワイトハウスの立案者とならんで、太平洋軍の立案者の考えを綿密に追跡することが必要である。

註

1――本章は二〇一六年一二月に実施した米国政府高官・軍当局者へのインタビューを基にしている。なお執筆者はインタビュー対象者の匿名性を保護することに同意した。

2――Dana Priest, "A Four-Star Foreign Policy? US Commanders Wield Rising Clout, Autonomy," *Washington Post*, Sept.28, 2000, p.A1.

3——Richard H. Kohn, 2002, "The Erosion of Civilian Control of the Military in the United States Today," *Naval War College Review*, 2002, vol.LV, no.3.

4——Dana Priest, 2003, *The Mission: Waging War and Keeping Peace with America's Military* (New York: W.W. Norton and Company, 2003), pp.42, 71.

5——Grace Ruch, "Dawn of the 'Tomodachi Generation?' Polls Show Historic Support for US-Japan Relationship," Dec.22, 2011, *Asia Matters for America*, East-West Center-Washington. http://www.asiamattersforamerica.org/japan/polls-show-historic-support-for-us-japan-relationship

6——Andrew Kohut, Carroll Doherty and Richard Wike, "No Global Warming Alarm in the U.S., China," Pew Global Attitudes Project, June 13, 2006. Washington, DC, http://www.pewglobal.org/files/pdf/252.pdf

7——David B. Larter, "4-star Admiral Wants to Confront China. The White House Says not so Fast.," *Navy Times*, Sept.26, 2016. https://www.navytimes.com/articles/4-star-admiral-wants-to-confront-china-the-white-house-says-not-so-fast

Photo: U.S. Navy photo by Mass Communication Specialist 1st Class David R. Krigbaum

第5章
自衛隊と太平洋軍

中村 進◆NAKAMURA Susumu

はじめに

かつて太平洋を挟んで敵対した日米が第二次大戦後に構築した強固な同盟関係は、一貫して日本の安全保障に欠くことのできない基軸として位置づけられてきた。そして、その同盟に基づく「日米共同」の内容は、時代の流れに応じて変容し、現在では地域の安全保障にも大きな役割を果たしている。一方、米国から見たこの同盟は、終戦から自衛隊創設に至る過程において生じた日本の特殊性から、他の同盟とは異なる一面を有している。

敗戦によって、日本は陸海軍が解散され完全な武装解除の下に置かれた。さらに、連合国側が日本の再軍備に強い警戒感を示しただけでなく、国民の間にも再軍備に対する強い反対意識が形成される。こうした中で、新しい憲法が制定されるが、そこでは、日本の安全は新たに創設される国連の集団安全保障体制によって保障されることを前提に、自衛のための権利すら放棄するという立場が示された。しかし、その後に生じた冷戦によって期待していた国連の機能不全が明らかとなり、日本は自主防衛のために再軍備への転換を余儀なくされる。それにもかかわらず、再軍備の過程においては、一貫して憲法の「平和主義」の理念自体は揺らぐことなく、日本の自衛隊は「防衛力」という名の下で、「軍隊」ではないが「武力を行使する」という特殊な地位に置かれることとなる。形式的には、日本が独自の防衛力を保有するのは一九五四年七月一日の自衛隊の発足ということになる。しかし、その実体は自衛隊の発足以前からすでに存在しており、さらには連合国最高司令官総司令部(GHQ)の占領下にあったとはいえ、一九五〇年の朝鮮戦争に際して日本の海上保安庁の掃海部隊が戦時掃海に参加していたという事実も明らかになっている[1]。こうした日本の特殊性を背景とした自衛隊と太平洋軍の共同関係は、決して当初から円滑な関係にあったわけではなく、現在においても太平洋軍は他の同盟諸国の軍隊とは異なる制限の下で自衛隊との共同関係を維持している。

本章においては、日本の特殊性を背景とした自衛隊と太平洋軍の関係について、その変遷の過程において生じた問題・課題を日米がどのように克服して今日の強固な関係にたどり着いたかを概観する。第一節では、創設後の自衛隊が抱えてきた特殊性とその背景について見る。第二節では、日米安全保障体制が変質し、それが同盟の強化につながってきたことを示す。第三節では、第二次安倍晋三政権以降の新たな安全保障体制の整備について振り返り、第四節では、変化してきた自衛隊と太平洋軍の共同の現状を検討する。

1　自衛隊の特殊性とその背景

◆新憲法の制定と冷戦の影響

新憲法の制定過程において、当初、GHQは過度な干渉を控える方針であった。しかし、日本の改正試案が毎日新聞にスクープされ「あまりに保守的、現状維持的」との批判を受けたことに端を発して、GHQは一転して自身が原案を作成し、この原案がもととなって現行憲法の制定に至ったことはよく知られている。そして、その憲法第九条には厳格な非戦・非武装の規定が置かれた。したがって、新憲法の制定当初、政府は「自衛のための戦争をも放棄した」との立場をとっていた[2]。その前提には、日本は自衛のための戦力はもとより、国際法上認められる「自衛の権利」さえ放棄しても、将来創設される国連が守ってくれるので問題はないという考えがあった[3]。しかし、この自国の安全のすべてを国連の集団安全保障に委ねるという前提は、その後の冷戦によって、安全保障理事会が機能不全に陥ることが明らかとなったため崩壊する。

さらに、国共内戦が続く中国大陸では四九年四月に南京が陥落して国民党政府は台湾に逃れ、一〇月には中華人民共和国が誕生し、翌年二月にはソ連との間に中ソ友好同盟相互援助条約が締結される。戦後のアジアにおける中心勢力として期待していた中国に共産党政権が樹立されたことにより、中国を安定勢力として育成してソ連の防塁にするという米国の構想は破綻する。その結果、それに代わるものは日本以外にはなく、日本の戦略的地位が大きく変動する。このようなアジア情勢の変化を受けて、一〇月の段階で、日本を完全な非武装状態に置くという当初の米国の対日政策は根本的な変更を余儀なくされる[4]。

一方の日本においても、冷戦によって憲法第九条の構想が破綻したことに加え、独立を回復した後の自国防衛の問題が持ち上がる。その結果、日本は占領軍の駐留継続による日本の防衛という道を選択することとなる。こうした情勢の変化を受けて、日本国内での政府の九条解釈が徐々に変化していく。自衛権をも含むすべての「戦争放棄」から出発した政府の九条解釈は、まず、独立回復後の自国防衛という問題を契機として軌道修正が始まる。独立回復後の自国防衛を米軍の駐留継続によって担保しようと考えた吉田茂首相は、五〇年一月二三日の衆議院本会議の施政方針演説において、「戦争放棄の趣意に徹することは、決して自衛権を放棄するということを意味するものではない」[5]と述べ、さらに一月二八日の衆議院本会議では、「その自衛権が、ただ武力によらない自衛権を日本は持つということは、これは明瞭であります」[6]として、従来の自衛権放棄から自衛権留保への転換を明らかにする[7]。

◆自衛隊の創設

日本政府の憲法解釈が変更される最中の一九五〇年六月、朝鮮戦争が勃発する。当時、東アジアの米軍の陸上兵力は日本に駐留する占領軍の変則編成の四個師団しかなく、米国はこの戦力を半島へ投入することを決定する。これに伴い、日本の治安維持を担う兵力の空白を埋めるため、GHQの主導により陸上自衛隊の前身となる警察予備隊が創設される。この時点で、米国側はすでに日本の再軍備を考えていたが、日本政府に知らされることはなく、日本の「再軍備」に向けた大きな転換点は、いわば米国側の事情によるものであった。一方、日本側では講和条約発効後の駐留米軍漸減問題と、それを受けた「自国防衛」の問題が持ち上がる。しかし、自前の防衛力を持たない日本にとって、米軍の駐留継続によって「国の安全」を確保するほか選択の余地はなく、日本政府は五一年九月八日に「日本国との平和条約」と同時に米国との間に安保条約を締結することで自国の安全を確保する道を選択する。さらに、この安保条約(旧安保条約)の前文には「直接及び間接の侵略に対する自国の防衛のため漸増的に自ら責任を負うことを期待する」ことも明記された。そこで、条約の発効を控えた五二年一月、吉田首相は「日本の治安状況、或は国外の状況等によりまして、防衛隊を新たに考えたいと思いまして、ただいま研究中であります」として、再軍備の方針を明らかにする[8]。この方針に従い、翌五二年四月二六日に海上保安庁の外局に海上自衛隊の前身となる海上警備隊が設置され、八月一日には海上警備隊を警備隊に、警察予備隊を保安隊にそれぞれ改称したうえで、両者を合わせて保安庁が創設される。この過程からもわかるように、保安庁の創設は後の自衛隊創設に向けた準備としてのものであったが、法律上の任務・権限は警察、海上保安庁を補完するという、あくまでも警察機関として位置づけられていた。

こうした経緯を経て五四年七月一日に自衛隊が創設されるが、そこで政府は新たな憲法第九条の規定との整合の必要に迫られる。その第一は、「武力の行使」の問題である。憲法第九条は、第一項で武力の不行使を明文で規定している。これとの整合のために、政府は「自衛のための必要最小限度の武力の行使」は憲法上認められるという解釈を導き出した[9]。この解釈上、「集団的自衛権」や「海外派兵」などは必要最小限度を超えるものとして「憲法上、禁止される」ものとされたことで、米国が日本防衛の義務を負う一方で、日本は米国の防衛義務を負わないという日米安保条約の非対称性が基礎づけられる。さらに、第二項の「陸海空軍その他の戦力は、これを保持しない」という規定に整合させるため、自衛隊は「憲法上の厳しい制約を課せられていることから通常の観念で考えられる軍隊ではない」としたうえで、「国際法上は軍隊として取り扱われ、自衛官は軍隊の構成員に該当する」という、いわば二重の基準のもとに置かれ、自衛隊の行動には諸外国の軍隊には見られない多くの制限が課せられることとなった[10]。

2 日米安保の変質と同盟の強化

◆旧安保条約の締結と改正

締結された旧安保条約の内容は、軍の駐留を前提とする米国側の日本防衛の義務は不明確であり、主権を回復したにもかかわらず日本の内乱に米国が介入できる、いわゆる「内乱条項」が含まれたことから、その不平等性が問題視されていた。この問題に対して、五二年六月に当時の岸信介首相は米国に対して旧安保条約の改定を提起する。その後日米両国は交渉を重ね、六〇年一月に新たに現在の安保条約に署名するに至った。この条約改定によって、いわゆる「内乱条項」が削除されるとともに米国の日本防衛義務が明確化されたほか、米軍の行動に関する両国政府の事前協議の枠組みが設けられるなど、旧安保条約の不平等性が是正された。改定された安保条約は、第一〇条に、当初の一〇年の有効期間が経過した後は、日米いずれか一方が破棄の通告を行った場合には、その通告から一年後に終了するが、その旨の通告がない限り条約が存続するという、いわゆる「自動延長」方式であることを規定している。同条約は締結後一〇年が経過した七〇年以降、破棄されることなく自動延長されて今日に至っている。

◆日米安保条約の特徴

一般に、多くの同盟条約においては、相互に一方が他方を守るという規定になっており、形式的には双務性が担保されている。しかし、第二次世界大戦後の米国の同盟関係においては、米国が自国の防衛を他国に依存することはほとんど想定されず、事実上は、米国が一方的に同盟国を守るというのが米国の同盟の機能であった。この点において、日本は他の米国の同盟と変わるところはない。日米同盟が特異であるのは、条約において一方的に米国の日本防衛の義務を規定しているところにある[11]。日米安保条約第五条では、米国が日本を守る義務があるのに対して、日本は米国を守る義務を規定していない。これを「片務的である」という指摘もある。しかし、一方で第六条には、日本は米国の基地使用を認めているが、日本が米国に基地を置いて使用する規定はない。「片務的」とすれば、これもまた「片務的」である。すなわち、日米安保条約は、米国の日本防衛義務と日本の基地提供義務という二つの片務性の交換によって成り立っており、この「片務性」の交換という「非対称」の義務関係によって相互性が保持されているといえる[12]。

いま一つの日米安保条約の特徴は、その共同防衛発動の対象となる武力攻撃の範囲を「日本国の施政の下にある領域」に限定しているところにある。多数国間条約である北大西洋条約が、その加盟国が所在する「ヨーロッパ又は北米国」を対象範囲とすることは当然のことと言えるが、米韓、米比、ANZUSのいずれの条約も自国領域にとどまらず「太平洋地域」としている[13]。さらに、米比、ANZUSの各条約においては、共同対処の対象を締約国の領域に対する武力攻撃に限らず、「太平洋地域における同国の軍隊、公船若しくは航空機に対する武力攻撃」を含んでいる点も日米の条約には見られない規定である[14]。

◆七八ガイドラインの策定——共同運用の実効化

自衛隊が創設されたからといって、直ちに現場の部隊レベルで共同関係が構築できたわけではない。通常、部隊間の能力に大きな差がある場合には実務レベルでの共同行動は成立しない。自衛隊が創設された後も、第一次から第四次までの防衛力整備計画が推進された一九七〇年代までの時期は、自衛隊にとって創設時に米軍から貸与された旧式の装備から国産化を中心とした装備の増強を図る段階であった。したがって、それまでの自衛隊は米軍との共同対処というレベルには至っておらず、防衛省幹部でさえ、米軍は自衛隊の実力を評価していないため共同行動などあり得ず、米軍基地の存在自体が抑止力になると考えていた[15]。したがって、この時期の自衛隊の防衛構想は、侵略の初動において何とか独力で持ち堪えて米軍の来援を待つという単独対処であり、共同対処という両国間の運用協力については日本有事の際の共同対処要領についても具体的な議論は進んでおらず、運用協力のための協議機関も特に設置されていなかった[16]。

しかし米国では、一九六九年に同盟国に自助努力を求める「ニクソン・ドクトリン」が発表され、七三年にはベトナムから撤退するなど、米国のアジア政策に大きな変化が起こる。これによって日米間では日本有事における役割分担を明確化する必要性が高まり、七五年八月に日米首脳は「両国の関係当局者が日米安全保障協議委員会(SCC)の枠内で協議を行う」ことで合意し、七六年七月には日米防衛協力小委員会の設置が合意された。小委員会においては、①日本に武力攻撃がなされた場合またはそのおそれのある場合の諸問題、②日本以外の極東における事態で日本の安全に重要な影響を与える場合の諸問題、③その他（共同演習・訓練等）が研究協議事項とされ[17]、検討を経て七八年に両国間で初めての「日米防衛協力のための指針（ガイドライン）」（七八ガイドライン）が策定された。そこでは、自衛隊および米軍が必要な共同演習および共同訓練を適時実施することも明記されており、これを機に自衛隊と太平洋軍との間で日米共同訓練も活発化し、部隊運用という実質的な面においても日米共同が活性化していく。さらに重要なことは、このガイドラインでは初めて「共同作戦計画」の研究が具体的なテーマとして挙げられたことである。言い換えれば、これ以前は計画もないまま共同作戦を論じるという、実効性に乏しい言葉だけの日米共同であったことを如実に示している。

◆ガイドラインの改定――九七ガイドラインの策定

一九九一年のソ連崩壊により冷戦が終結し、西側諸国は「平和の配当」として軍事力の削減を開始する。米国のブッシュ政権も、九二年五月に冷戦後の前方展開兵力の削減につながる新たな通常戦力計画として、「一九九四‐九九年度国防計画指針」（FY1994-99 Defense Planning Guideline）を策定した[18]。他方で、アジアにおいては九三年三月に北朝鮮が核拡散防止条約（NPT）からの脱退を宣言し、五月には弾道ミサイル・ノドンの発射実験を行う。さらに、翌年四月には国際原子力機関（IAEA）からの脱退も宣言する。この事態に、米国のクリントン政権は北朝鮮の核関連施設に対する空爆の計画を立案する一方で、日本政府も危機感を共有すべきだとして事あるごとに対応を促し、経済制裁の強化とともに米国が実施する北朝鮮に対する海上における禁輸執行活動などへの協力を打診する。禁輸執行活動に対する協力の具体的内容としては、補給のための日本の港湾や空港の使用のほかに、自衛隊による水や食料、および燃料等の補給に加えて、機雷の掃海も含まれていた[19]。この米国の要請に対して日本では極秘裏に検討会議が開かれたが、当時の憲法解釈と法制度の下では日本は何もすることができず、これ以上事態が進んだ場合、政府の独断と責任で憲法解釈を変えて決しなければならない事態も起こりえたほど追い込まれる[20]。幸いにしてその後、カーター元大統領が訪朝し北朝鮮が核開発計画の凍結に同意したことで、九四年一〇月の米朝枠組みの合意が成立し事態は収束する[21]。しかし、ここで初めて日本が直面した問題はその後の日米共同に大きな影響を与える。

その後日本は、一九九五年の「平成八年度以降に係る防衛計画の大綱について(平成七年に作成されたので「〇七大綱」と呼ばれる)」において「我が国周辺地域において我が国の平和と安全に重要な影響を与えるような事態が発生した場合には、憲法及び関係法令に従い、必要に応じ国際連合の活動を適切に支持しつつ、日米安全保障体制の円滑かつ効果的な運用を図ること等により適切に対応する」として、はじめて「周辺事態」[22]に言及する。この背景には、九三年〜九四年の北朝鮮危機における日本の体制不備があったことは言うまでもない。そして九六年四月、米国との間に初めての物品役務相互提供協定(ACSA)が締結され[23]、九七年九月には北朝鮮危機で顕在化した日米間の課題の解消を目指した「九七ガイドライン」が策定された。これにより、日米共同の枠組みは冷戦期の専ら日本有事のみを想定したものから日本周辺の事態に行動する米軍部隊への支援も含むものへと拡大した。

一方で、ガイドライン自体には法的実効性はない。このために日本政府は、九七年九月二九日、新たな指針の実効性を確保するための法整備を行うために閣議決定を行い、九九年五月に「周辺事態安全確保法」、二〇〇〇年一二月に周辺事態における「船舶検査法」という、周辺事態において自衛隊および関係機関が米軍部隊を支援するための根拠となる法律(いわゆるガイドライン関連法)が成立する。

これに伴い日米ACSAも改定され、適用される活動に日米共同訓練と周辺事態における諸活動が追加された。この九七ガイドラインに基づく「周辺事態」における自衛隊の活動には、それまでの自衛隊の行動の枠組みに大きな変革をもたらす内容が含まれていた。もともとの自衛隊の行動は、日本の防衛を主たる任務として、必要に応じて公共の秩序維持に当たるという、いわば戦時の防衛出動と、平時の警察活動の二元的な枠組みで整理されてきた。しかし、「周辺事態」のなかには米国が戦時の行動を行う場合も含まれる。これにより、戦時の米軍を平時体制の自衛隊が支援するという、これまでには想定されなかった行動の枠組みが生じたのである。

しかし一方で、このガイドライン関連法では、ACSAで合意された支援項目のすべてが適用できるわけではなく、当時の状況を反映して極めて厳格な制限が加えられていた。この制限のなかには、自衛隊と太平洋軍との共同という現場レベルにおける現実の対応から見ていくつかの問題も生じていた。例えば、周辺事態法では、米軍に対する輸送は領域外でも認められる一方、物品の提供は外国為替及び外国貿易法等の関係から日本の領域内に限られていた。このため米海軍の艦艇への燃料補給を考えた場合に、海上自衛隊の補給艦が搭載している燃料が日本の燃料であれば物品の提供になり、領海外で米軍艦艇への燃料補給ができない。それを可能にするには、海上自衛隊の補給艦はあらかじめ米軍の燃料タンクから米軍の燃料を搭載して、それを輸送するという形をとらなければならない。こうした非現実的な内容について、自衛隊では、実際に周辺事態になれば早急に法改正しなければ現実の事態に対応できないのではないかという懸念もあった。結局、「周辺事態」は認定されることはなく、自衛隊が周辺事態における活動を実施することもなかった。

しかし、ここでの法整備は思わぬところで活用され、その問題点の多くが修正されることとなる。それは、二〇〇一年九月一一日に起きた米国での同時多発テロを契機としたアフガニスタン戦争である。この時も、日本は憲法上の制約から他の米国の同盟国のような集団的自衛権の行使による戦闘行動には参加できなかったが、湾岸戦争の教訓[24]から政府はいち早く自衛隊の部隊を派遣してテロとの闘いに参加する多国籍軍に対する協力支援活動等を行うことを決定する。このためにテロ発生からわずか一カ月後の一〇月五日には作成した法案を衆議院に提出し、二カ月後の一一月二日にはテロ対策特措法を成立させる。これは、通常の法案作成作業からは考えられない速さである。ここで、活用されたのが周辺事態法である。テロ対策特措法において対応措置として予定された自衛隊の協力支援活動や捜索救助活動は、周辺事態法とほぼ同じ内容のものであった。これが異例の速さでの法案の作成につながった。しかし、同じ対応措置とはいえガイドライン関連法は、あくまでも日米同盟に基づく共同の枠組みであり、いわば対米支援法であった。これがテロ対策特措法では多国籍軍への支援も含まれ、しかも日本周辺を超えたインド洋での多国籍軍に対する支援活動であったことから、領海外での物品の提供はもとより支援対象も米国以外の外国の部隊にも広がった。この枠組みは、その後の二〇〇三年のイラク戦争に際しての自衛隊による多国籍軍等への支援にも継承される。こうして見れば、九七ガイドラインは日米同盟の役割が「日本有事」から「日本周辺」さらには「国際社会全体」へと拡大する端緒となったと見ることができる。

もっとも、周辺事態法自体の内容は二〇一五年の安保法制の整備で重要影響事態法に改正されるまで変わることはなかった。

◆東日本大震災におけるトモダチ作戦の成果と教訓

二〇一一年三月一一日、日本は未曽有の大災害に見舞われる。日本政府は、いち早く一〇万人規模の自衛隊の派遣を決定する。一方、米軍は直ちに統合支援部隊を編成し、発災時に東南アジアでの演習のため揚陸艦エセックスなど三隻に分乗していた第三一海兵機動展開部隊が直ちに引き返し支援に当たるとともに、韓国に向け太平洋を航行中の空母ロナルド・レーガンが派遣されるなど、最大時には、人員約二万四五〇〇名、艦船二四隻、航空機一八九機が投入された[25]。

ここでは、自衛隊と米軍との調整にガイドラインの調整メカニズムが活用され、防衛省(市ヶ谷)、在日米軍司令部(横田)、陸自東北方面総監部(仙台)に設置された日米調整所が米軍の支援に係る総合的な調整機能を発揮した。しかし一方では、九七ガイドラインでは大規模災害時の調整メカニズムの運用開始時期や日米調整所の人員・機能の増強、情報共有・調整のための窓口などが明確にされていなかった。このため、当初は調整の所要に対して、日米調整所の体制が不十分なため、各調整所の役割や防衛省の対米窓口が不明確になるなどの事象も生起した[26]。

また、この作戦においては沿岸域の被災地に内陸部から進出せざるを得なかった陸上自衛隊は、海上から素早い展開を行った米海兵隊の高い水陸両用作戦能力(amphibious capability)との差を見せつけられた。このことは、実行動だからこそ得られた教訓であった。この教訓を受けて陸上自衛隊は、以後、離島防衛に向けた水陸両用作戦のために米海兵隊との共同訓練を強化していく。

3 新たな安全保障体制の整備

◆第二次安倍政権における安全保障政策の見直し

九七ガイドラインが策定され、周辺事態関連法やテロ特措法などが整備された後、北朝鮮の核兵器・弾道ミサイル開発や中国の透明性を欠いた軍事力の増強と東シナ海、南シナ海における独自の主張に基づく現状変更の試み、さらには日本の領海への侵入や領空侵犯など日本周辺を含むアジア太平洋地域における安全保障上の課題や不安定要因が深刻化している。さらには、グローバルな規模においても、国際テロの脅威や海洋・宇宙・サイバー空間といった国際公共財の安定的利用に対するリスクが顕在化している。

このような安全保障環境の変化を背景として、二〇一二年一二月に発足した第二次安倍政権において、我が国の安全保障に関わる体制の大きな変革が行われる。二〇一三年一二月四日、それまでの国防会議に代わる「国家安全保障会議」が設置されるとともに国家安全保障に関する基本方針として、従来の「国防の基本方針」に代わる外交政策および防衛政策を中心とした我が国で初めての「国家安全保障戦略」が策定され、その理念として国際協調主義に基づく「積極的平和主義」が掲げられた[27]。

◆一五ガイドラインの策定と新たな安全保障法制の整備

二〇一三年一〇月の日米安全保障協議委員会（SCC）において、日米両国は、集団的自衛権の行使に関する事項を含む安全保障の法的基盤の再検討に取り組むことなどの日本側の具体的な取り組みを確認するとともに、九七ガイドラインの見直し作業を開始することに合意した。そして、その後の交渉を経て二〇一五年四月二七日に新たなガイドライン（一五ガイドライン）が策定された。一五ガイドラインにおいては、「平時」、「日本有事」及び「日本周辺」という区分によって協力分野を分類していた九七ガイドラインを全面的に見直し、平時から緊急事態までのいかなる段階においても、切れ目のない形で日本の平和および安全を確保するための措置をとることが明記された。

さらに、安倍政権の下での我が国の安全保障体制に見直しの集大成として行われたのが安全保障法制の整備である。日本の置かれた新たな安全保障環境の変化を踏まえ、政府は一四年七月一日、法案の整備のための基本方針を示す「国の存立を全うし、国民を守るための切れ目のない安全保障法制の整備について」閣議決定を行った。その後、政府内での検討を経て二〇一五年五月一四日、「平和安全法制整備法案」および「国際平和支援法案」の二法案が閣議決定され、両法案は、国会での審議を経て、同年九月一九日に可決・成立し、二〇一六年三月二九日に施行された。この法整備は、二〇一三年のSCCにおいて確認されていた、ガイドラインの実効性確保につながるものでもあり、これにより、従来は認められなかった、平時からの米軍等の部隊の武器等防護が認められ、「周辺事態法」も、「我が国周辺」、「対象は米国軍隊のみ」、「弾薬提供の禁止」といった制限が解除された「重要影響事態法」に改正された。

また、従来から「自衛のための必要最小限度を超える」とされてきた「集団的自衛権の行使」が見直され、「我が国と密接な関係にある他国に対する武力攻撃が発生し、これにより我が国の存立が脅かされ、国民の生命、自由及び幸福追求の権利が根底から覆される明白な危険がある事態」を「存立危機事態」として、この事態に際しても、「我が国の存立を全うし、国民を守るために他に適当な手段がない」場合が追加された新たな「武力行使の三要件」の下で、国際法上、集団的自衛権の行使に該当する場合であっても限定的[28]な武力の行使が認められるようになった。この「存立危機事態」という武力行使の枠組みの創設により、日本が武力攻撃を受けた場合以外にも武力の行使が可能となり、日米の共同対処の幅が格段に広がることとなった。

また、従前まで日本は、国際社会の平和および安全を脅かす事態に、その脅威を除去するために共同して対処する活動を行う米軍をはじめとする諸外国の軍隊等に対する協力支援活動等を、「テロ対策特措法」や「イラク特措法」のようなその都度の時限立法によって対処してきた。これが、「国際平和支援法」という恒久法として整備された。さらに、ＰＫＯ法も派遣先における住民や被災民等の安全確保や駆けつけ警護などが新たな活動として追加され、これに伴う武器使用権限の見直しも行われた。これらの自衛隊による国際貢献活動の充実強化に伴い、国際貢献の場においても日米共同の重要性がさらに高まっている。

4 自衛隊と太平洋軍の共同の現状

◆日米共同訓練の変化

七八ガイドライン以前の日米共同訓練は、海上自衛隊と太平洋軍太平洋艦隊隷下の第七艦隊との間で、年数回の「掃海特別訓練」や「対潜特別訓練」が日本近海で行われていたに過ぎなかった。この早い時期からの海上自衛隊と米海軍との共同訓練の始まりの背景には、海上自衛隊の創設に米海軍が強く関わった時点から、米海軍が広い太平洋海域において行動する上で、日本の海上自衛隊の能力を活用しようという米海軍側のデザインがあったことが覗える。こうした、海上自衛隊との間にとどまっていた日米共同訓練が、七八年には航空自衛隊、八一年には陸上自衛隊と米軍との日米共同訓練も開始され、その訓練規模も拡大されていく。さらに、八六年からは自衛隊の統合幕僚会議および陸・海・空各幕僚監部と在日米軍司令部および在日各軍司令部との間の日米統合演習も始まり、概ね毎年、指揮所演習と実動演習を交互に行われるようになる。

また、二〇〇六年には自衛隊の統合幕僚監部発足により、統合レベルでの日米共同訓練が飛躍的に拡大する。特に、二〇一〇年には自衛隊側から統合幕僚監部以下、人員約三万三九〇〇名、艦艇約四〇隻、航空機約二五〇機、米軍側から在日米軍司令部以下、人員約一万四〇〇名、艦艇約二〇隻、航空機約一五〇機が参加するという、従来にない大規模な日米共同の統合演習が行われた[29]。このようにして、着実に日米共同訓練が充実していく中、近年はより現実の情勢に直結した訓練が実施されている。

第一は、国際社会の自制要求を無視して核・弾道ミサイルの開発計画を推進し続ける北朝鮮情勢を反映して、北朝鮮に対する圧力を強める米国に呼応して行われているものである。二〇一七年に入り、航空自衛隊は九州周辺の東シナ海空域において、グアムの米空軍第三七遠征爆撃飛行隊所属B－1B爆撃機と共同訓練を行って以来、北朝鮮の核・弾道ミサイル発射実験に呼応する形で、五月以降毎月、同様の共同訓練を実施している[30]。また、海上自衛隊も、一〇月に日本海において米海軍の「ロナルド・レーガン」、「ニミッツ」、「セオドア・ルーズベルト」の三隻の空母などが参加した共同訓練を実施した[31]。これら一連の日米共同訓練について、安倍首相は「訓練は、北朝鮮に対して万が一日本に危害を加えるような日米がしっかり共同対処すること、抑止力の基盤である日米同盟は揺るがないことを明確に示した」と説明している[32]。一方、米太平洋空軍は、八月一五日にB－1B爆撃機と航空自衛隊のF－15戦闘機による共同訓練が尖閣諸島周辺で行われたことを公表しており、「これらの日本との共同訓練飛行は、日米が、インド・太平洋における平和と安全の維持を同盟によって分かち合っている結束と決意の証である」としている[33]。この太平洋空軍の公表は、日米共同訓練の実施が単に北朝鮮への圧力だけではなく、中国の行動に対する抑止の意味を持つものであることも窺わせている。

第二は、尖閣諸島を念頭に置いた日本の離島防衛に向けた動きの加速に伴う水陸両用作戦を目的とした共同訓練の推進である。二〇〇〇年一二月、当時の中期防衛力整備計画に島嶼部への侵略などに対応する部隊の新編が初めて記載されて以来、陸上自衛隊を中心に離島防衛に向けた整備が加速し、共同訓練にも変化が現れる。その始まりは、二〇一三年にカリフォルニア州キャンプ・ペンデルトンおよび同周辺海域で行われた米国の統合訓練(ドーン・ブリッツ13)への参加である。ドーン・ブリッツは米軍単独訓練として隔年実施されており、自衛隊が参加するのは初めてであった。以後、一三年、一五年のドーン・ブリッツには陸・海・空の三自衛隊が参加したが、一七年は、年度末に創設が予定されていた「水陸機動団」の戦力化を重視して、陸上自衛隊のみが参加した。さらに、二〇一六年一〇月に日本周辺、グアム、北マリアナ諸島自治連邦区および同周辺海空域において行われた統合実働演習では、自衛隊から二万五〇〇〇名、艦艇二〇隻、航空機二六〇機、太平洋軍からは在日米軍司令部、第五空軍、在日米陸・海軍、第三海兵遠征軍、第七水陸両用艦隊、一万一〇〇〇名が参加して、武力攻撃事態および武力攻撃予測事態における島嶼防衛などが演練された。

第三は、米共同防災訓練の始まりである。従来の日米共同訓練・演習は、戦闘を念頭に置いたものであったが、二〇一一年の東日本大震災を教訓に、二〇一五年から日米共同防災訓練が始まっている。こうした実場面において検証された問題点を解消するために日米共同訓練は欠かすことのできない機会である。一般に、日米の共同・連携の基本的な部分は戦平時を問わないものであり、こうした目的の異なる日米共同訓練にあっても、それぞれの共同場面において活用が期待できる。

◆太平洋軍への連絡幹部の拡充

太平洋軍が所在するハワイへの自衛隊連絡官の派遣は、当初、一九七四年七月から海自が太平洋艦隊司令部に二佐の連絡官一名を派遣していたに過ぎなかった。しかし、その後、統幕が二〇〇一年五月から太平洋軍司令部に陸自の一佐を派遣し（二〇一七年七月から海自の一佐に変更されている）、陸自は、二〇〇九年から太平洋陸軍司令部に、二〇一三年一〇月からは太平洋海兵隊にも、それぞれ二佐の連絡官一名を派遣している。海自の太平洋艦隊司令部への連絡官は、現在二五代目の連絡官が勤務しているが、二〇一四年一〇月からは三佐の連絡官一名が補強され、二〇〇八年からは第三艦隊司令部にも三佐の連絡官一名を派遣している。空自は、一九九二年に太平洋空軍司令部に二佐の連絡官一名を派遣していたが、前任者から一佐に格上げされている。さらに空自の太平洋空軍司令部への派遣は、二〇〇七年一二月、二〇一四年八月にそれぞれ二佐の連絡官一名、一四年一一月には三佐の連絡官一名を追加して増強している。

このように、七四年から九二年までのほぼ冷戦期であった期間、わずか一名に過ぎなかった自衛隊の連絡官は、その後、急速に増員され拡充されている。これは、すでに述べた自衛隊の能力が米軍の真のパートナー足りうるレベルに達したことに加えて、冷戦後のアジア太平洋地域における安全保障環境の変化が、より強化された自衛隊と太平洋軍の共同体制を必要とした証左と見ることができる。

おわりに

第二次大戦後の冷戦期に欧州とアジアにおける東西のフロントラインにあったのは、皮肉なことにかつての敵国であったドイツと日本である。冷戦の終結により、欧州におけるドイツは再統一を果たすとともにフロントラインの役割を終えた。一方、アジアにおいては北朝鮮の核・弾道ミサイル開発や中国の台頭に加えてロシアの軍事力の復活により緊張は高まる一方である。したがって、アジアにおける日本のフロントラインの役割は終っていない。

こうしたなかで、自衛隊と太平洋軍との関わりを見れば、太平洋軍にとって自衛隊は、創設からしばらくの間は共同のパートナーというよりも弟子といった存在であり、陸・空自衛隊が日米共同訓練を始めたのも創設から四半世紀近くが過ぎてからである。そうして見ると、自衛隊と太平洋軍の共同の歴史はさほど長いとも言えないようである。しかし、現在の自衛隊と太平洋軍は他に類を見ないほど緊密な関係を維持しており、米国の相対的な軍事力が低下するなかで、地域における自衛隊の役割はより重要性を増している。かつては足元にも及ばず、相手にされなかった自衛隊が、現在では地域の平和と安全のための役割を担う太平洋軍にとって、欠くことのできない存在となっている。一方で、緊張を増すアジア太平洋地域の安全保障環境から、日本の防衛にとって太平洋軍は欠かせない存在であることに変わるところはない。したがって、自衛隊と太平洋軍の関係が今後も一層緊密さを増していくことは、日本と地域の平和と安全を確保する上で極めて重要である。

その一方で、自衛隊は創設以来六〇年以上実戦経験がなく軍事組織に必要な戦闘ノウハウの蓄積に乏しく、自衛隊が如何に太平洋軍からノウハウを吸収していくかが課題である。また、太平洋軍にとっては、自衛隊は国内法上の多くの制約を抱えるといった他の同盟国には見られない特殊なパートナーであり、太平洋軍はその特殊性を理解することが欠かせない。こうして見れば、両者の共同を強化するためには今後も継続した課題への挑戦が必要である。

註

1――朝鮮戦争当事、海上保安庁に所属していた掃海部隊が戦時下の朝鮮水域において掃海業務に従事していたことは、当初厳格に秘匿された。しかし、J・E・アワー（妹尾作太男訳）『よみがえる日本海軍〈海上自衛隊の創設・現状・

問題点〉（上）』（時事通信社、昭和四七年）、一一九〜一三五頁、に続き、現在では、大久保武雄『海鳴りの日々』（海洋問題研究会、昭和五三年）、二〇五〜二七〇頁、阿川尚之『海の友情――米国海軍と海上自衛隊』（中公新書、二〇〇一年）、八八〜一一二頁、などによって詳細が明らかにされている。

2――吉田首相答弁『第九〇回帝国議会衆議院議事速記録第六号』（官報号外、昭和二一年六月二七日）、八一頁。

3――同右、八二頁。

4――NSC 13/ 2, "Report by the National Security Council on Recommendations With Respect to United States Policy Toward Japan", Washington, 7 October, 1948, FRUS, 1948, Vol.6, The Far East and Australasia (US GPO, Washington, 1974), pp.858-862.

5――『第七回国会衆議院会議録第一一号』（官報号外、昭和二五年一月二四日）、一三二頁。

6――『第七回国会衆議院会議録第一五号』（官報号外、昭和二五年一月二九日）、二〇六頁。

7――吉田首相は、マッカーサーの年頭声明の前から早期の単独講和による独立を果たし、主権回復後の自国防衛は日米安保条約に基づく米国の駐留軍に依存する意向であったとされている。宮沢喜一『東京―ワシントンの密談』（実業之日本社、一九五六年一二月）、四六、五四頁。

8――『第一三回国会衆議院予算委員会議録第五号』（昭和二七年一月三一日）、一八頁。

9――大村清一防衛庁長官「政府統一見解」『第二十一回国会衆議院予算委員会議録第二号』（昭和二九年一二月二二日）、一頁。

10――中山太郎外務大臣「第一一九回国会衆議院本会議録第四号」、一〇頁。

11――田中明彦「日本の外交戦略と日米同盟」『国際問題No.五九四』（二〇一〇年九月）、四二頁。

12――同右、三四頁。

13――豪州と米国は、二〇〇一年九月、米国における同時多発テロが、「ANZUS条約で定めた集団的自衛権を行使する条件を満たすという合意に達した。」との声明を発表、同年一〇月に豪州は、米軍への支援のため、艦艇および兵員などの派遣を行った（『平成一四年度版防衛白書』（電子版）http://www.clearing.mod.go.jp/hakusho_data/2002/w2002_00.html）。

14――この点について、日本は二〇一五年の安保法制の整備において、自衛隊法を改正し、平時から自衛隊による「米軍等の武器等の防護」ができる規定を追加したが、安保条約自体の改正は行っていない。

15――佐道明広『戦後日本の防衛と政治』(吉川弘文館、二〇〇三年)、二八八頁。

16――『平成二四年度防衛白書』、一二一頁。

17――防衛省「日米安全保障協議委員会が了承した防衛協力小委員会の報告」、一九七八年一一月二七日。http://www.mod.go.jp/j/approach/anpo/shishin/j781127a.html

18――Dick Cheney, Secretary of Defense, Annual Report to the President and Congress (Washington, DC: U.S. Government Printing Office), January 1991, Appendix E, p.3.

19――「政治空白襲った九四年北朝鮮核危機(証言いま振り返る)石原元副長官に聞く」『日本経済新聞』、二〇一〇年五月二七日。

20――テレビ朝日『1994朝鮮半島核危機〝開戦前夜〟と極秘会談』、二〇〇六年一〇月二五日放映。熊谷弘元官房長官「九四年朝鮮半島危機　集団的自衛権の行使を覚悟」『日本経済新聞』、二〇一二年四月一二日。http://www.tv-asahi.co.jp/hst/contents/sp_2006/special2/061025.html

21――御厨貴、渡邊昭夫『首相官邸の決断　内閣官房長官石原信夫の二六〇〇日』(中央公論新社、二〇〇二年)、一六二〜一六八頁。

22――「周辺事態」について、防衛省は「『周辺事態』とは、日本周辺地域における事態で日本の平和と安全に重要な影響を与える場合を指します。これは地理的概念ではなく、生じる事態の性質に着目したものです。」と説明している。防衛省ＨＰ「日米防衛協力のための指針解説」：http://www.mod.go.jp/j/approach/anpo/shishin/kaisetu.html　また、周辺事態法においては、第一条で「そのまま放置すれば我が国に対する直接の武力攻撃に至るおそれのある事態等が我が国周辺の地域における我が国の平和及び安全に重要な影響を与える事態」と定義していた。

23――九六年のＡＣＳＡの適用は、自衛隊または米軍軍隊がＰＫＯおよび人道的な国際緊急援助に従事している場合に限られていたほか、自衛隊による武器・弾薬の提供または米国軍隊による武器システムもしくは弾薬の提供は除外されていた。

24――一九九一年の湾岸戦争に際して、日本は憲法上の制約から自衛隊を派遣することができず、一三〇億ドルにのぼる支援を行う。これに対して国際社会から「諸国が血と汗(人)の支援を行う中、日本はまた金だけで済まそうとしている」と非難される。

25――外務省「わかる！　国際情勢　Ｖｏｌ．七二[東日本大震災においてクローズアップされた日米の絆]」、二〇一一年

五月二〇日。http://www.mofa.go.jp/mofaj/press/pr/wakaru/topics/vol72/index.html

26——防衛省「東日本大震災への対応に関する教訓事項（最終取りまとめ）」、二〇一二年一一月、一九頁。www.mod.go.jp/j/approach/defense/saigai/pdf/kyoukun.pdf

27——「内閣官房長官談話」、平成二五年一二月一七日。https://www.kantei.go.jp/jp/tyokan/96_abe/20131217danwa.html

28——存立危機事態に際しての自衛隊による「武力の行使」の限度について、政府は「武力行使を目的として、イラク戦争や湾岸戦争のような戦闘に参加することは、これからもありません。」と説明している。内閣官房「「国の存立を全うし、国民を守るための切れ目のない安全保障法制の整備について」の一問一答」。https://www.cas.go.jp/jp/gaiyou/jimu/anzenhoshouhousei.html

29——『平成二三年度防衛白書』、四八六頁。

30——各回の航空幕僚監部「［報道発表資料］米軍との共同訓練の実施について」による。http://www.mod.go.jp/asdf/news/houdou/index.html

31——海上幕僚監部 Press Release「米海軍との共同訓練の実施について」、二〇一七年一一月一〇日。http://www.mod.go.jp/msdf/formal/info/news/201711/20171110.pdf

32——ＮＨＫ ＮＥＷＳ ＷＥＢ、二〇一七年一一月二九日。http://www3.nhk.or.jp/news/html/20171129/k10011239571000.html

33——Pacific Air Forces Public Affairs/ Published August 16, 2017. http://www.pacaf.af.mil/News/Article-Display/Article/1279620/

Photo: Chris Cavagnaro

第6章

朝鮮半島と太平洋軍

西野純也◆NISHINO Junya

はじめに

金正恩政権による北朝鮮の核・ミサイル開発の加速化と能力の高度化、それに対する米国のドナルド・トランプ政権の軍事的オプションも辞さないという姿勢により、二〇一七年の朝鮮半島情勢は軍事的緊張が高まった。そのような状況の中で、朝鮮半島の安全保障問題における米国太平洋軍の存在と役割に対する注目度が高まっている。北朝鮮が弾道ミサイル発射を行えば太平洋軍がその飛距離などを分析・評価して発表していること、そして、対抗措置として太平洋軍が朝鮮半島周辺に米軍兵力を動員して軍事演習を実施するなど、朝鮮半島の軍事的緊張を伝えるニュースに太平洋軍の存在は欠かせないものになってきたとも言える。

二〇一七年一一月には、トランプ大統領がアジア歴訪に際してホノルルの太平洋軍司令部を訪れ、北朝鮮情勢などの報告を受けている。トランプ大統領は太平洋軍司令部内において、北朝鮮の核・ミサイルの開発状況や国内情勢のほか、太平洋軍が準備している対北朝鮮軍事オプションについてもハリス司令官から具体的な説明を受けたという。本章では、朝鮮半島の安全保障問題で近年ますます存在感を増している太平洋軍について、その役割を次の諸点に留意しながら検討していくこととする。

まず、朝鮮半島の安全保障構造、特に韓国防衛という観点から、太平洋軍の存在と役割はどのように位置づけることができるであろうか。在韓米軍や米韓連合軍司令部との関係性を明らかにしながら考察してみる。次に、朝鮮半島の軍事的緊張が高まる中、太平洋軍はどのような備えをしているのであろうか。米韓合同軍事演習および有事の際の作戦計画に着目しつつ検討する。そして最後に、朝鮮半島と同じく太平洋軍の担任区域に入っている日本との関係について、日本に置かれている国連軍司令部後方基地の役割という観点から考えてみたい。

1　朝鮮半島の安全保障構造——太平洋軍と韓国防衛

太平洋軍の担任区域には朝鮮半島が含まれており、太平洋軍司令部の下には準統合軍として在日米軍、在韓米軍、そして太平洋特殊作戦軍の三つが置かれている。日本にとってなじみの深い在日米軍は、太平洋軍の下部組織として太平洋軍司令部の指揮統制下にある。太平洋軍司令官が四つ星の大将(海軍)であるのに対し、在日米軍司令官が三つ星の中将(空軍)であることは両者の上下関係を端的に示していると言える。

それでは、韓国軍とともに朝鮮半島の安全保障で中心的な役割を果たしている在韓米軍は、太平洋軍司令部とどのような関係にあるのだろうか。太平洋軍司令官と在日米軍司令官の関係に照らして類推すれば、在韓米軍司令官もまた太平洋軍司令官の指揮統制下にあると考えるのではないだろうか。しかし、実はそうではない。在日

図6-1 韓国防衛に関する指揮関係

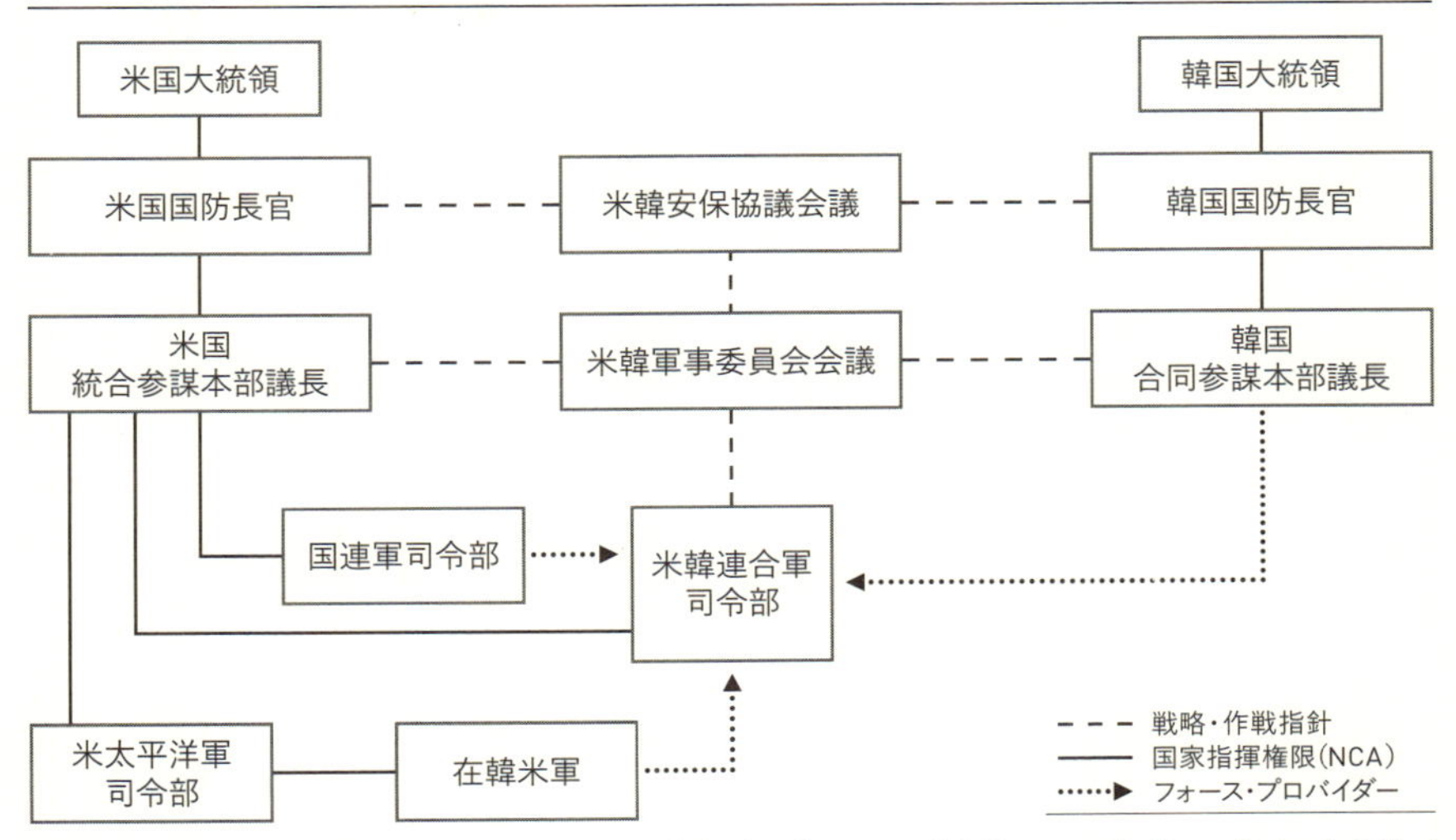

出所：Wood, Stephen G., and Christopher A. Johnson. "The Transformation of Air Forces on the Korean Peninsula." *Air & Space Power Journal*, Fall 2008

米軍と在韓米軍とでは、それぞれの軍の性格や太平洋軍との関係性は大きく異なっており、そのことが朝鮮半島の安全保障における太平洋軍の役割を複雑なものとしている。

在日米軍が行政司令部であるのに対し、在韓米軍は戦闘司令部としての機能を持っていることは第二章で述べられた通りである。そして、在日米軍と在韓米軍の違いで何よりも重要なのは、朝鮮半島で戦闘作戦行動を行う際、在韓米軍司令官は太平洋軍司令官の指揮統制を受けることになっていないということである。在韓米軍司令官が四つ星の大将（陸軍）であり、太平洋軍司令官と同じ階級であることは、両者の関係が上下関係であるよりかは、むしろ対等であることをうかがわせる。しかも、在韓米軍司令官は、国連軍司令官および米韓連合軍司令官を兼ねており、三つの帽子をかぶる存在として特別な地位にある。国連軍司令部（UNC）は一九五〇年六月の朝鮮戦争勃発を受けて設立され、当時は戦争遂行の主体となり、現在は停戦体制を守る任務についている。一九七八年一一月に創設された米韓連合軍司令部（CFC）は、韓国防衛の中枢としての役割を担い続けている。

それでは、太平洋軍司令官と在韓米軍司令官（国連軍司令官、米韓連合軍司令官を兼務）との間の指揮命令系統は具体的にどのようになっているのだろうか。図6－1は、韓国防衛に際しての指揮命令系統を図式化したものである[1]。図6－1から明らかなように、韓国防衛の中心に位置するのは、在韓米軍および韓国軍から構成される米韓連合軍司令部である。朝鮮半島有事[2]の際には、米韓連合軍司令官が作戦統制を行う（つまり戦時作戦統制権を行使する）ことになっているが、その際には両国軍の統帥権を持つ米韓両国大統領（より正確には、国家統帥・軍事指揮機構：NCMA）→米韓国防長官（安全保障協議会：SCM）→米韓合同参謀本部議長（軍事委員会：MCM）という指揮命令系統の流れを受けて作戦統制を行うことになる。

注目すべきは、この指揮命令系統の中に太平洋軍司令部が入っていないということである。つまり、朝鮮半島有事で軍事作戦を遂行する際に主導的役割を果たすのは米韓連合軍司令部であって（フォース・ユーザーとなる）、太平洋軍司令部は作戦遂行のための戦力を提供する役割（フォース・プロバイダー）を担うことになっている。朝鮮半島有事の際には、米韓連合軍司令官が朝鮮半島戦区（KTO）を宣布することになっており、この戦区の内側では米韓連合軍司令官が作戦行動の主導権を握り、外側での戦力移動は太平洋軍司令部が責任を持つことになる。

2　在韓米軍司令官の特殊な地位――「三つの帽子」をかぶる司令官

朝鮮半島の安全保障、特に韓国防衛における米国の軍事的関与のあり方はなぜ図6－1のような独特かつ複雑なかたちになっているのだろうか。その大きな理由は、在韓米軍司令官が三つの帽子をかぶる存在だからである。ここでは、朝鮮戦争のレガシー、停戦体制の持続、米韓連合防衛体制という三つの要因から、それぞれの帽子の意味を説明してみたい。

まず、歴代の在韓米軍司令官がすべて陸軍大将(四つ星)であり、在韓米軍の兵力構成が北朝鮮の南侵を防ぐ陸軍中心となっていることは、朝鮮戦争のレガシーを最もよく象徴するものである。これは、在日米軍司令官が空軍中将(三つ星)であり、在日米軍の多くを占めるのが海外への展開を前提とする海軍や海兵隊であるのとは対照的な構成である。また、在韓米軍司令官は米韓連合軍司令官として戦時作戦統制権を行使するのに対し、在日米軍司令官にはそのような権限はなく太平洋軍司令官の指揮統制を受けることになる。繰り返しになるが、在韓米軍司令官は軍の階級では太平洋軍司令官と同じ四つ星であり、米韓連合軍司令官として戦時作戦統制権を行使するため、太平洋軍司令官からは相対的に自立した存在となっているのである。

次に、朝鮮戦争後も停戦体制が続いていることは、停戦協定に基づく状況の管理と維持にあたる国連軍司令部の存続を可能としてきた。国連軍司令部は、一九五〇年六月の北朝鮮による韓国侵攻を受けて採択された一連の国連安保理決議八二、八三、八四号に依拠して設立された。その当初任務は、北朝鮮の侵略を撃退するための対韓国支援、国際の平和と安全の回復、国連軍構成国の軍隊に対する指揮・統制であったが、一九五三年七月の停戦協定締結後は、停戦協定の履行を監督して違反事項を是正する責任と非武装地帯の統制権を持つようになった。また、朝鮮半島有事の際には参戦する国連軍構成国の軍隊に対する統制と支援を行う権限も保有している[3]。このように、朝鮮半島の停戦体制維持の重責を担う国連軍司令官であるが、前述の通り在韓米軍司令官がその職を兼任している。

そして米韓連合防衛体制についてである。北朝鮮との厳しい軍事的対峙は、米韓同盟に基づく連合防衛体制の強化をもたらしてきた。揺ぎなき米韓同盟と連合防衛体制をアピールするため、大統領をはじめ米韓両国の政治・軍事リーダーたちは「We go together」というスローガンをよく使う。オバマ大統領は韓国を訪問した際の演説において英語と韓国語の両方でこの言葉を口にしたし、二〇一七年一一月のトランプ大統領の韓国国賓訪問時には晩餐会場にこのスローガンが大きく掲げられた。その米韓同盟関係の中で一九五三年一〇月の米韓相互防衛条約締結に次ぐ画期をなすのが、一九七八年一一月の米韓連合軍司令部創設である。これにより、米韓両軍による韓国防衛のあり方は連合防衛体制として制度化されることになった。米韓連合軍司令官には在韓米軍司令官(米陸軍大将)が、米韓連合軍副司令官には韓国陸軍大将が任命されており、米韓連合司令部内の各組織の人的構成は米軍と韓国軍を同数とすることが原則となっている。

最後に、韓国軍への作戦統制権の行使という観点からもう一度整理しておきたい[4]。現代史をさかのぼれば、朝鮮戦争の勃発からまもない一九五〇年七月、李承晩大統領が韓国軍に対する作戦指揮権(operational command)をダグラス・マッカーサー国連軍最高司令官に移譲して以降、韓国軍は国連軍最高司令官の指揮下で戦闘を行った。そして停戦後の一九五四年一一月、「韓国軍に対する軍事および経済支援に関する米韓合意議事録」によって作戦指揮権は作戦統制権(operational control)へと変更された。作戦指揮権は軍事作戦だけでなく軍の行政、内部編成、部隊訓練、軍需など全般的事項に対する責任と権限を意味するのに対し、作戦統制権は軍事作戦遂行のための権限であると理解されている[5]。一九七八年までは国連軍司令官が韓国軍に対する作戦統制を行ってきたが、米韓連合軍司令部創設後は、米韓連合軍司令官が作戦統制権を行使することになり今日に至っている。しかし、平時(デフコン4、5)における作戦統制権は一九九四年に韓国軍へと移管され、現在では米韓連合軍司令官は戦時の作戦統制権のみ行使することになっている。米韓両国政府の合意によれば、二〇二〇年代中盤には戦時作戦統制権も韓国軍へと移され、米韓連合軍司令部は新たな形へと改編される予定である。戦時作戦統制権の具体的な移管時期や米韓連合防衛体制の将来像は、今後の朝鮮半島の安全保障情勢を見極めながら決められることになる。その時には、朝鮮半島の安全保障構造における太平洋軍の役割や責任なども再検討されるにちがいない。

3 米韓合同軍事演習と太平洋軍

これまでは、朝鮮半島の安全保障に太平洋軍がどのように関わっているのかを制度的側面から見てきたが、次に太平洋軍の朝鮮半島への関与の実態についてみてみたい。報道などでよく見聞きするようになったのは、米韓合同軍事演習の際に米軍兵力を朝鮮半島周辺へと動員する太平洋軍司令部の役割である。北朝鮮の核実験やミサイル発射が頻繁に行われるようになるにつれて、米韓両国は定期的に行ってきた合同軍事演習の規模を拡大するとともに、追加的な演習を実施するようになってきた。その際、米軍がどのような戦力を動員するのかに多くの関心が集まるようになり、その戦力動員の主体として太平洋軍司令部がさらに注目されるようになったと言える。米韓合同軍事演習の中心的な実施主体は米韓連合軍司令部であるが、在韓米軍以外の戦力を演習のために動員するのは太平洋軍司令部の役割となっている。先にみた、米韓連合軍司令部がフォース・ユーザーで太平洋軍司令部がフォース・プロバイダーという関係が軍事演習にも当てはまる。また、米韓合同軍事演習のとき以外でも、北朝鮮の軍事的挑発への対応として、太平洋軍が空母打撃群や戦略爆撃機を朝鮮半島周辺へと向かわせることが多くなってきている。

定期的かつ規模の大きな米韓合同軍事演習として有名なのは、毎年二〜三月頃実施される指揮所演習「キー・リゾルブ」と野外機動演習「フォール・イーグル」、そして八月頃に行われる総合指揮所演習「ウルチ・フリーダム・ガーディアン」(UFG)である。例えば二〇一七年の「キー・リゾルブ」には、米軍約一万人、韓国軍約三〇万人が参加し、過去最大規模の演習になったとの報道が数多く見られた。

現在では米韓連合軍司令部が米韓合同軍事演習を実施しているが、合同軍事演習は米韓連合軍司令部創設前から実施されてきており、かつては国連軍司令部が主な実施主体であった。今でもそうであるように、演習実施のタイミングや規模は、その時々の政治・軍事情勢により決められてきた。これまでの合同軍事演習の歴史の中で注目すべきは、一九六〇年代末から一九七〇年代初め、そして一九七〇年代後半という冷戦期の二つの時期である。まず、一九六九年三月には「フォーカス・レチナ」、一九七一年三月には「フリーダム・ヴォルト」という米国本土からの迅速な増派・空輸能力を示すための軍事演習が実施された。これら演習は、韓国防衛に対する米国の決意と能力を北朝鮮へ示すことに主眼を置いたものであったが、実はもうひとつ重要な目的があった。一九六八年一月の「一・二一事態」(北朝鮮ゲリラによる青瓦台襲撃事件)とプエブロ号事件に代表される北朝鮮の挑発的行動と、ニクソン政権登場による在韓米軍削減の動きに不安と不満を募らせた韓国政府に対して安心感を与えることも企図されていたのである。

一九七〇年代後半になると、ベトナム戦争終結とカーター政権の在韓米地上軍撤退計画という韓国防衛にとっての大きな不安要素が登場した。その状況の中で一九七六年から毎年行わるようになったのが大規模な米韓合同軍事演習「チーム・スピリット」である。一九八〇年代には二〇万名を動員して行われ、現在の「キー・リゾルブ」と「フォール・イーグル」の前身と言うことができる。冷戦が終わり南北朝鮮関係に進展がみられると一九九二年の「チーム・スピリット」は中止されたが、北朝鮮の核開発疑惑が懸案となると一九九三年に演習は再開された。しかし、一九九四年の米朝ジュネーブ合意を受け、大規模軍事演習は実施されなくなった。「チーム・スピリット」に代わり一九九四年から実施されたのが「RSOI」と呼ばれる指揮所演習である。朝鮮半島有事の際に米軍の増員を受け入れ(Reception)、待機させたあと(Staging)、前方へと展開して(Onward Movement)、統合する(Integration)という具体的な訓練内容の頭文字をとって名称としたものである。二〇〇八年には「RSOI」から「キー・リゾルブ」へと名称がさらに変更されて今日に至っている。そして、二〇〇二年からは指揮所演習に加えて野外機動演習「フォール・イーグル」もあわせて実施されるようになった。

毎年八月頃に行われる「ウルチ・フリーダム・ガーディアン」は、コンピュータ・シミュレーションを用いた総合指揮所演習である。かつて国連軍司令部が主導して行った軍事演習「フォーカス・レンズ」と韓国政府による軍事支援訓練「ウルチ演習」が一九七六年に統合されて現在のようなかたちとなった(二〇〇七年までの名称は「ウルチ・フォーカス・レンズ」)。

4 朝鮮半島有事への備え――「作戦計画」の策定

以上のように続けられてきた米韓合同軍事演習において実施されてきたのが、朝鮮半島有事に備えて策定された作戦計画(Operational Plan、通称OPLAN)に基づいた訓練である。朝鮮半島有事に備えた作戦計画は複数あるとされるが、軍事機密となっているため、どのような作戦計画があるのかは公開されておらず、各種報道などを突き合わせて作戦計画の存在とその内容を把握しなければならない。道下・東の整理に従えば、北朝鮮の核施設を破壊するための「作戦計画5026」、北朝鮮の本格的な武力攻撃に備える「作戦計画5027」、偶発的な事態に対応する「作戦計画5028」、北朝鮮の急変事態に備える「作戦計画5029」、北朝鮮を不安定化させるための「作戦計画5030」がこれまでに策定されてきたとされる[6]。このなかで最も重要なのが北朝鮮の本格的武力攻撃に備えるための「作戦計画5027」である。すべての作戦計画に5000番台の数字が付されているのは、太平洋軍司令部の担任区域での作戦であることを示すものである。

ここで重要なのは、これら作戦計画を策定しているのは誰なのか、ということである。本書の焦点である太平洋軍司令部は、計画策定において重要な役割を果たし続けてはいるが、その役割は時代を経るにつれて主導的なものから支援的なものへと変わってきている。具体的には、「作戦計画5027」は一九七〇年代初めから存在しており、情勢の変化に応じて改定されてきた。一部が公開されている太平洋軍司令官のコマンド・ヒストリーを見ると、一九七〇年代初めには、太平洋軍司令部が「作戦計画5027」の策定で主導的役割を果たしていたことがわかる[7]。一九七八年に米韓連合軍司令部ができたことにより「作戦計画5027」は同司令部へと引き継がれ、作戦改定もそちらを中心に行われるようになった。米韓両軍による作戦計画の策定は、当初は米軍側が主導していたが、近年では韓国側の役割も大きくなってきているという。米韓連合軍司令部勤務経験もある韓国軍関係者は、かつては米軍側七、韓国側三程度の役割分担だったが、現在は米韓で五対五といえるのではないか、米国側の役割には太平洋軍司令部のアドバイスなども含まれる、と話してくれた。

韓国軍の役割が大きくなったのは、韓国軍の能力が向上したこと、それに合わせて「韓国防衛の韓国化」(米韓連合防衛体制の中でも韓国軍がより多くの任務を担うようになる)が進んだことが一番の理由としてあげられる。その中でもより直接的な契機となったのが、戦時作戦統制権を二〇一二年四月に韓国へ移管するとした二〇〇七年二月の米韓両国政府の合意である。この合意を受けて、二〇〇七年以降、韓国防衛のための重要任務は韓国軍が担う流れが加速化している(戦時作戦統制権の移管時期は二〇二〇年代へ延期されたが「韓国防衛の韓国化」の動きに変わりはない)。作戦計画策定時の韓国軍の役割増大もその一環である。実は、先述した米韓合同軍事演習についても、二〇〇八年に「RSOI」から「キー・リゾルブ」へ、そして「ウルチ・フォーカス・レンズ」から「ウルチ・フリーダム・ガーディアン」へと変更されたのは単なる名称変更ではなく、戦時作戦統制権の移管を念頭においた演習内容の変化を反映したものでもあった。

報道等によれば、二〇一五年には「作戦計画5015」が新たに策定され、「作戦計画5027」にとってかわったようである。これを受けて米韓合同軍事演習の内容も、「作戦計画5015」に合わせたものになっているという。「作戦計画5027」は北朝鮮による韓国大規模侵攻に反撃するプランであったが、「作戦計画5015」は北朝鮮が核兵器や弾道ミサイルによる攻撃の兆候をみせた際に核・ミサイル施設を先制攻撃したり、北朝鮮指導部を特殊部隊で攻撃することが想定されている。つまり、北朝鮮の攻撃に対する反撃という防御的性格から、場合によっては先制攻撃も含むより積極的な防御へと計画内容を変更したことになる。こうした作戦計画の変更は北朝鮮の核・ミサイル能力の高度化を受けたものであることは言うまでもない。

それでは、もし朝鮮半島有事を想定した作戦計画が実行に移されることになれば、作戦遂行における太平洋軍の役割はどのように決まるのであろうか。有事の状況がどのくらい続くのかという時間的要因と、戦域の広がりがどの程度なのかという地理的要因が考慮されるべきであろう。まず時間的要因に関して、作戦計画では一般的に時間の経過とともに朝鮮半島へ兵力が増員されるようになっている。そのための一種の増員スケジュールが「時系列戦力展開データ」(TPFDD)と呼ばれるものである。このデータも作戦計画の一部であり非公開となっているが、「作戦計画5027」の場合、かつては最大で米軍六九万名の増員が計画されていた。時を経るにしたがって、フォース・プロバイダーとしての太平洋軍の負担は増していくことになる。

次に地理的要因について、冷戦期には朝鮮半島という局地的(ローカル)な戦域が想定されていたが、冷戦後の北朝鮮による核・ミサイル開発の結果、現在では朝鮮半島にとどまらないアジア太平洋という地域的(リージョナル)広がりを戦域として考慮しなければならなくなった。北朝鮮が核・ミサイル能力を高度化させるほど、すなわちグアムさらには米国本土にまで届く弾道ミサイル、さらにそのミサイルに搭載できる核弾頭を手中に収めるほど、太平洋軍の役割はさらに大きくなっていくのである。

5 在日米軍と朝鮮半島——国連軍司令部後方基地の役割

朝鮮半島における太平洋軍の役割を考える上で、日米同盟および在日米軍基地の存在に触れないわけにはいかない。一九五〇年六月の朝鮮戦争勃発を受け、当時まだ占領下にあった日本国内の軍事基地は、朝鮮半島に出撃する国連軍（主力は米軍）の作戦行動および輸送の拠点として重要な役割を果たした。一九五〇年七月に東京に国連軍司令部が置かれたことは、朝鮮戦争における日本の政治軍事的重要性を象徴する出来事であった。一九五一年九月、日米安保条約とともに日米両政府間で交わされた「吉田・アチソン交換公文」は、サンフランシスコ講和による日本独立後も、米軍を主力とする国連軍が日本国内の施設などを引き続き使えることを確認したものである。一九六〇年一月の日米安保条約改定時に交わされた「吉田・アチソン交換公文等に関する交換公文」でもその効力の継続が再確認されている。

一方、朝鮮戦争が停戦となった後も、国連軍が日本にとどまることができるよう、そのための規則を定めたのが一九五四年二月に結ばれた「国連軍地位協定」である。この協定の第五条に基づき、国連軍は引き続き国連軍基地として使用していた在日米軍基地を使用できるようになった。その後、一九五七年七月に国連軍司令部は東京からソウルへと移ったが、日本には国連軍司令部後方基地（後方指揮所）が置かれ、七つの在日米軍施設・区域（キャンプ座間、横須賀海軍施設、佐世保海軍施設、横田飛行場、嘉手納飛行場、普天間飛行場、ホワイトビーチ地区）が国連軍基地の機能を残すことになった。

ちなみに、国連軍司令部がソウルに移ったのは、米極東軍司令部が解体され太平洋軍司令部へ統合されたことに伴う措置であった。これ以降、極東軍司令官が兼ねていた国連軍司令官は在韓米軍司令官の兼任となる。国連軍司令部のソウル移転にもかかわらず、日本に後方基地が置かれたのは、米国が国連軍地位協定によって得た日本の支援（基地使用など含む）を引き続き確保し、朝鮮半島有事の際には国連軍司令部に対する作戦支援を行い、国連軍の朝鮮半島への戦力展開を支援することを意図したものであった[8]。

以上から言えることは、朝鮮半島有事が起こり、国連軍が出動するようなことになれば、七つの在日米軍基地が文字通り後方基地として活用され、朝鮮半島における国連軍の戦闘作戦行動等を支援することになる、という事実である。敢えて言えば、「吉田・アチソン交換公文」や「国連軍地位協定」は、国連軍司令部の存在を媒介として、朝鮮半島の安全保障問題への日本の関与(別言すれば「巻き込まれ」)を不可避なものにしている。

しかし、在日米軍基地からの戦闘作戦行動については、日米安保条約改定の際に両国政府間で交わされた「岸・ハーター交換公文」が定める事前協議の対象となっている。それでは、朝鮮半島有事の際に在日米軍が国連軍の帽子をかぶって朝鮮半島に向かう場合は、事前協議の対象となるのだろうか。つまり、日本政府が「巻き込まれない」選択をすることは可能なのだろうか。朝鮮半島の安全保障にとっても日本の安全保障にとっても大変重要なポイントであるが、現在、日米両国政府の公式的な見解が一致しているのかはっきりしていない。

この点については、かつて「朝鮮議事録」といわれる密約があったことが明らかになっている。二〇一〇年三月公表の密約問題に関する有識者報告書は、日米安保改定にあたり、両国政府は非公開の議事録により、「朝鮮半島有事の際、国連軍の指揮下で行動する在日米軍が在日米軍基地を使用して直ちに(つまり場合によっては事前協議なしに)出撃できることで合意していた」[9]ことが確認されたとしている。しかしその後、沖縄返還交渉の際に、「日本側は朝鮮議事録に関して、『主権国家として自国領土よりする戦闘作戦行動には当然協議を受けなくてはならない』との立場から、沖縄返還後米軍が沖縄の米軍施設区域を戦闘作戦行動のために使用することも事前協議の対象とする」[10]との方針で交渉に臨み、朝鮮議事録の失効を米国側に求めた。その代わりに、佐藤栄作首相は訪米時のナショナル・プレス・クラブ演説で「万一韓国に対し武力攻撃が発生し、これに対処するため、米軍が日本国内の施設、区域を戦闘作戦行動の発進基地として使用しなければならないような事態が生じた場合には、日本政府としては(中略)事前協議に対し前向きに、かつすみやかに態度を決定する方針」との表明を行った。これにより、日本政府は密約を公式的な意思表明として置き換えようとしたのである。ただし、朝鮮議事録の有効性について日米間で明確な決着がつけられることはなかった。有識者報告書は、佐藤首相の意思表明を受け、「米側が朝鮮議事録を援用して事前協議なしの基地使用を図ることは事実上考えられない。したがって、同議事録は、事実上失効したと見てよい」[11]と評価し、さらに一九九〇年代以降の日米ガイドライン改定等による日米同盟関係緊密化により朝鮮議事録は過去のものになった、としている。

現在の日本政府の認識も報告書の評価と同じであると言える。例えば、安倍晋三首相は二〇一四年七月一五日の参議院予算委員会での朝鮮半島有事に関する質問に対し、「そもそもそうした事態において、救援に来援する米国の海兵隊は日本から出ていくわけでありまして、当然これは事前協議の対象になるわけでありますから、日本が行くことを了解しなければ韓国に救援に駆け付けることはできない」[12]と答えている。しかし、米国政府が日本政府と同じ認識なのかは明らかではなく、場合によって事前協議は不要との立場をとっているものと思われる[13]。北朝鮮の核・ミサイル能力の向上により、朝鮮半島有事の際に在日米軍基地の使用を認めることで日本が背負うリスクはますます高くなっている。そのため、有事の際には在日米軍基地を使用したい米国と巻き込まれを恐れる日本との間で意見対立が生じるかもしれない。そのようなことが起こらないよう、政治レベルでの不断なき同盟管理に加え、防衛当局レベルでも緊密な意思疎通をさらに進めるべき時がきている。その際の重要な相手が太平洋軍なのである。

おわりに

朝鮮半島の安全保障構造とそこにおける太平洋軍の位置付けおよび役割は、一般的に考えられているよりも複雑であることが本章での検討を通じて確認できた。その複雑さの大きな理由が、三つの帽子をかぶる在韓米軍司令官の存在と役割にあることを併せて明らかにした。朝鮮戦争のレガシーにより在韓米軍司令官の地位は高く（陸軍大将）、停戦協定の履行を監督する国連軍司令官を兼ねており、一九七八年からは米韓連合防衛体制を司る役割（米韓連合軍司令官）も担ってきた。この米韓両国による連合防衛体制の中で、太平洋軍は有事の際に朝鮮半島戦区およびその周辺に米軍を動員する役割を果たし、米韓連合軍司令部が動員された戦力を使って作戦統制を行うことになっているのである。毎年行われる大規模な米韓合同軍事演習は基本的にはそれに備えるための訓練であり、あわせて演習の実施は北朝鮮に対する抑止力にもなってきた。

しかし、実際には朝鮮半島有事の様相に応じて太平洋軍の役割はさらに大きくなる可能性がある。とりわけ、北朝鮮の核・ミサイル能力高度化を受けて、有事の状況が朝鮮半島周辺へと拡大することがあれば、その際には太平洋軍が主導的に作戦統制を行うようなことがあるかもしれない。また、太平洋軍司令部のあるホノルルと米韓連合軍司令部のあるソウルの両方で聞き取りをしたところ、興味深いことにホノルルとソウルでは両者の役割分担に関する認識には違いがあった。韓国防衛における指揮命令系統の複雑さに加え、近年の朝鮮半島をめぐる安全保障環境の変容が、とりわけホノルルにおける太平洋軍の役割に関する認識変化をもたらしていると思われる。この点は本章では扱えなかったため今後の検討課題としたい。

朝鮮半島における太平洋軍の役割を考えるにあたり、在日米軍基地、特に国連軍司令部後方基地とその使用に関する日米間の取り決めの重要性にも目を向ける必要性を最後に指摘した。在日米軍基地から朝鮮半島およびその周辺への戦力動員はまさに太平洋軍の役割であるが、日米両国さらには韓国も含めた日米韓三か国の安全保障面での緊密な連携と協力の有無が、その役割遂行に影響を及ぼすことになるだろう。太平洋軍自らもそのことに自覚的であるからこそ、日米韓三か国の弾頭ミサイル迎撃訓練や対潜水艦作戦演習を近年実施するようになってきている。朝鮮半島と日本の安全保障問題が太平洋軍の存在と役割によっていかに密接に結びついているのかについて、我々も今一度、より自覚的になる必要がある。

註

1――Stephen G. Wood and Christopher A. Johnson, "The Transformation of Air Forces on the Korean Peninsula," *Air and Space Power Journal*, Fall 2008, pp. 5-12.

2――本章で使う「朝鮮半島有事」とは、米軍が定める五段階からなるＤＥＦＣＯＮが３～１の状態（つまり戦時）を指すこととする。ＤＥＦＣＯＮ４、５の状態は平時とされる。

3――金斗昇「国連軍司令部体制と日米韓関係――いわゆる朝鮮半島有事に焦点を合わせて」『立教法学』第八六号、二〇一二年、四八～五〇頁。

4――米韓同盟における戦時作戦統制権およびその移管問題については、倉田秀也「米韓同盟と『戦時』作戦統制権返還問題――冷戦終結後の原型と変則的展開」日本国際問題研究所『日米関係の今後の展開と日本の外交』二〇一一年三月、七五～九一頁、倉田秀也「米韓抑止態勢の再調整――『戦時』作戦統制権返還再延期の効用」日本国際問題研究所『朝鮮半島のシナリオ・プランニング』二〇一五年三月、七三～九一頁が詳しい。

5――チョン・チョルホ「戦時作戦統制権転換以降の国連軍司令部の位相と役割」『世宗政策研究』第六巻二号、二〇一〇年、二〇九頁（韓国語）。

6――道下徳成・東清彦「朝鮮半島有事と日本の対応」木宮正史責任編集『朝鮮半島と東アジア』岩波書店、二〇一五年、一八一頁。

7――*Commander in Chief Pacific Command History 1972*, Volume 1, 1973, pp. 93-96.

8――金斗昇、前掲論文、四九頁。倉田秀也「日米韓安保提携の起源――『韓国条項』前史の解釈的再検討」『日韓歴史共同研究報告書』第三分科篇下巻、日韓歴史共同研究委員会、二〇〇五年、二〇一～二三二頁もあわせて参照のこと。

9――「いわゆる『密約』問題に関する有識者委員会報告書」二〇一〇年三月、四七頁。

10――前掲、五四頁。

11――前掲、五五頁。

12――「参議院予算委員会（第一八六国会閉会後）会議録第一号」二〇一四年七月一五日、三九頁。

13――道下・東、前掲論文、一九一頁。

第7章

中国と太平洋軍

――インド・太平洋地域の覇権の行方

小谷哲男◆KOTANI Tetsuo

はじめに

太平洋軍の担任区域は太平洋とインド洋のほぼ全域に及び、地表面積のほぼ半分を占める。太平洋軍の担任区域がインド洋にまで広がったのは一九七二年のことで、その理由は英国が六七年にスエズ以東から軍を撤収する決断を下した後、ソ連海軍がその隙間を埋めるかのようにインド洋に進出したからである。一九七〇年代中頃から、太平洋軍は自らの担任区域を「インド洋・アジア太平洋」と呼び、この広大な海域を一つの戦略的空間とみなしてきた。今日、日米や豪州、インドなどはこの地域を「インド太平洋」と呼び、この地域の戦略的な重要性に注目しているが、その先駆けは太平洋軍である。

今日の太平洋軍がインド・太平洋地域で直面する大きな課題は三つある。一つは北朝鮮の核ミサイルの脅威、もう一つは東南アジア、特にフィリピンにおける過激派によるテロ。そして、より長期的観点からみて最も大きな課題が、中国の台頭である。

急速な経済発展を遂げた中国は、経済力とともに拡大した政治力と軍事力を背景に、国際法に基づかない現状変更行動を東シナ海や南シナ海で取るようになった。習近平指導部は「一帯一路」構想を掲げ、インド・太平洋地域において、戦後米国が築いてきた開放的でルールに基づく国際秩序に挑戦をする動きも見せるようになっている。一帯一路のうち「二一世紀海のシルクロード」は太平洋軍の担任区域と重なり、インド洋における人民解放軍の活動も活発になっている。西太平洋では、中国人民解放軍が「介入阻止」能力を向上させ、太平洋軍の行動を制約することに力を注いでいるのみならず、中国は国際海洋法の恣意的な解釈により、米国が重要な国益と位置づける航行の自由を脅かしている。

太平洋軍は、太平洋国家としての米国の地域における国益を守る責任を負っている。米国が戦後築いてきたアジアの国際秩序を維持し、地域の繁栄と安定を支えてきたのも太平洋軍である。以下では、まず第二次世界大戦後の米中関係史の中で太平洋軍が果たしてきた役割を振り返り、その後中国が突きつける挑戦に太平洋軍がどのように立ち向かおうとしているのか、現状を分析して今後の見通しを示す。

1 二つの台湾海峡危機

朝鮮半島と中台の分断という形で始まったアジアの冷戦は、一九五〇年の朝鮮戦争の勃発により熱戦へと変わった。北朝鮮が韓国への攻撃を開始すると、ハリー・S・トルーマン米大統領は国共内戦への不介入姿勢を改め、台湾海峡に第七艦隊を派遣して同海峡の中立化を宣言する一方、台湾の地位は未定との立場を明確にし、台湾の国民政府に対しても大陸反攻に向けた動きの停止を要請した。しかし、トルーマン政権は共産党政府の戦争介入の意志を過小評価し、米軍を中心とする国連軍が三八度線を越えて北上したため、共産党が「人民志願軍」を派遣して参戦し、米中対立は決定的となった。これをうけて、米国は台湾への支援を本格的に行うため、翌五一年には米華相互防衛援助協定を締結するとともに共産党政府の不承認政策を表明した。ただ、朝鮮戦争を通じて、中国との全面戦争の回避は米国政府の基本方針として揺らがなかった。他方、統合参謀本部や極東軍は台湾海峡の中立化の変更を求め、国民党による大陸反攻を支持するべきだと主張していた。極東軍総司令官のダグラス・マッカーサーは、大統領の承認なしに台湾の要塞化に言及したため、トルーマンによって解任されることになった。

朝鮮戦争では米軍は極東軍総司令官によって指揮され、太平洋軍は極東軍を支援するに留まった。台湾海峡の中立化のために派遣された第七艦隊も、まだ極東軍の隷下にあった。第七艦隊が太平洋軍隷下の太平洋艦隊の指揮下に入ったのは、五四年一一月である。前年に成立したドワイト・アイゼンハワー政権は、台湾海峡の中立化を解除した。これは、第七艦隊が国民党による大陸反攻を阻止し、朝鮮戦争で敵対している中国の盾とならないようにするためであり、また中国に朝鮮戦争の停戦に向けた圧力をかけるためであった。しかし、中国を抑止するため、第七艦隊による台湾海峡のパトロールを継続するとともに、国民党軍による大陸反攻にも引き続き反対した。アイゼンハワー政権も、前政権同様、中国との全面戦争を意味する大陸反攻を認めたわけではなかったのである。

太平洋軍が中国との関係で初めて表舞台に出たのは、五〇年代に起こった二度の台湾海峡危機である。インドネシア紛争が落ち着いた五四年九月、人民解放軍は突如国民党軍が支配する金門島への砲撃を開始し、第一次台湾海峡危機が発生した。中国側の狙いは、朝鮮半島とインドシナ半島の南北分割が決まる中、米国による中台の分裂状況を固定化と、米台が相互防衛援助協定を相互防衛条約に発展させる動きを牽制するためであった。海峡危機の発生によって、アイゼンハワー政権内では、軍部を中心に金門・馬祖など中国大陸の沿岸諸島の防衛を求める声が強まり、砲撃が大陳島にも及ぶとジョン・ダレス国務長官も金門・馬祖の防衛が台湾・澎湖諸島の防衛と不可分と主張するようになった。しかし、アイゼンハワー自身は中国との全面戦争を避けるため、沿岸諸島の防衛に踏み込むことには一貫して慎重であった。その結果、五四年一二月に調印された米華相互防衛条約は、その対象範囲として台湾本島と澎湖諸島は明示されたが、沿岸諸島が含まれるかどうかについては、「双方の合意によって決定されるその他の領域」にも条約が適用されると曖昧にされた。

五五年二月、アイゼンハワー政権は、太平洋軍の隷下に移管されたばかりの第七艦隊に国民党軍と住民を大陳島から台湾に輸送させることを決定し、空母エセックスなどが投入された。これは、太平洋軍の指揮下にある部隊が初めて中国との紛争下で行った作戦であるが、重要度の低い大陳島を国民党政府に放棄させると同時に、台湾防衛に関する信頼性を維持する観点から行われた。一方、毛沢東は大陳島への砲撃を米軍がいない時に行うよう指示を出しており、第七艦隊による輸送作戦を妨害することはなかった。しかし、大陳島からの輸送作戦完了後も緊張は続いたため、ソ連に対する大量報復戦略で知られるダレスは、台湾海峡危機の収束のために、核兵器の戦術的使用を示唆する発言を繰り返した。アイゼンハワーもこれに理解を示す発言をしており、核の威嚇による緊張の緩和が目指された。つまり、台湾海峡で危機が発生すれば、太平洋軍が中国に対して戦術核を使用する可能性があることが初めて示されたのである。他方で、核の威嚇を受けた中国は核保有への決意を強めることになる。

第一次台湾海峡危機が収束に向かう頃、共産党は平和攻勢に転じた。五五年のインドネシアでのバンドン会議で周恩来は平和共存の五原則を提起し、主権と領土の相互尊重、相互不可侵、内政不干渉、平等互恵、体制の異なる国との平和共存をアピールすることで周辺諸国の中国に対する脅威の払拭に努めた。同時に米国に対しても台湾海峡の緊張緩和のため、スイスのジュネーブで大使級の会談を始めた。その上で、国民党には第三次国共合作を呼びかけ、台湾に高度な自治権と軍の保有を認める代わりに、外国軍の台湾海峡からの撤退を求めた。しかし、蒋介石はこの呼びかけに応じることはなかった。米中の大使館級会談も、台湾への武力行使の放棄を求める米側と、米国による中台分離の固定化、つまり「二つの中国」政策に反対する中国側の対立により、具体的な成果を上げることはできなかった。

五八年八月、人民解放軍は再び金門島への砲撃を始め、おびただしい数の砲弾が島の外形を変えるかと思われるほど打ち込まれた。同時に、人民解放軍は金門島の海上封鎖も行い、一時国民党軍は海上からの補給が困難になった。この第二次台湾海峡危機の背景には、中華相互防衛条約に基づいて太平洋軍の隷下の米軍台湾協防司令部が同年春に台北に設置されるなど、米国による中台分離の固定化が強まっていたこと、また中ソ対立が深まる中、ソ連のニキータ・フルシチョフ書記長による米国との平和共存路線への転換に毛沢東が不満を強めていたことなどが指摘されている。そのような中、イランでのクーデターなど中東の混乱に乗じて、共産党は危機を演出するとともに、米ソの出方を探るかのように金門島への砲撃を行った。

アイゼンハワー政権も、米国の出方が試されていると感じていた。統合参謀本部は、金門・馬祖の防衛策として、中国に対してグアムから戦略爆撃機B－47で核攻撃を行う案を提示し、ダレスも通常兵器では共産党を抑止できないと核攻撃の必要性をアイゼンハワーに説いたが、大統領は戦争の拡大を恐れてこれを却下した。代わりに、アイゼンハワーは国民党軍による金門への海上輸送を第七艦隊に実施させることにしたが、大統領は現地司令官に指揮権を与えず、自らが反撃も含めた武器使用の命令を下すことにした。一方の毛沢東も、現場の司令官に米軍を攻撃しないよう命令を出していた。このように、米中双方の政治指導者は、ここでも全面戦争を回避しようとしていた。

五〇年代の二つの海峡危機において、太平洋軍は輸送、そして輸送の護衛という極めて限定的な作戦を行ったに過ぎない。しかも、双方とも太平洋軍司令官ではなく、大統領が事実上作戦を直接指揮する形で実施され、朝鮮戦争時にマッカーサー麾下の極東軍が一定程度の自律性を持っていたのとは対照的であった。一方、二度の海峡危機で、米軍は核攻撃を検討しており、中国が大規模な攻撃を台湾に対して行った場合は、太平洋軍のアセットが核攻撃任務を実行する可能性はあった。

2　太平洋軍の対中脅威認識の変遷

二度の海峡危機の後、太平洋軍と中国との関わりは、主に第七艦隊による台湾海峡のパトロールに加えて、台湾への軍事援助を通じた中台軍事バランスの維持という間接的なものにとどまった。太平洋軍には、台湾と澎湖諸島の防衛のための作戦計画(OPLAN-25)があり、毎年の情勢認識に基づいてこれを見直していた。以下では、機密を解除された太平洋軍の年次活動報告書である『コマンド・ヒストリー』をひもとき[1]、冷戦期の太平洋軍が中国の脅威をどのようにとらえていたのかみてみよう。

一九六〇年代の太平洋軍は極東ソ連の核ミサイル戦力と海空軍力の増強、ならびに東南アジアにおける共産勢力の拡大に強い懸念を示す一方、人民解放軍については潜水艦と戦闘機、地対空ミサイル能力の向上、そして六四年以降は核ミサイル能力の開発に関心を持っていたことがわかる。六〇年代後半には、中国による核ミサイル戦力のさらなる開発とインドシナ半島での共産勢力の支援に懸念が示される一方、文化大革命の混乱によって核ミサイル開発については一定程度その進展が遅れるとの見方も示している。六九年になると、太平洋軍は中ソ国境線沿いでの両国の軍事力の増強に注目し、中ソ対立が容易に解決することも、戦争に至ることもないと分析している。

興味深いのは、七〇年代に入ってからの太平洋軍の情勢認識と対中脅威認識の変化である。リチャード・ニクソン米大統領が一九六九年七月にグアムで発表し（グアム・ドクトリン）、翌年二月の外交教書演説で公式化した新たな外交方針（ニクソン・ドクトリン）は、同盟国への条約上のコミットメントの維持と核の傘の提供はするが、核攻撃以外の侵略に関しては当事国が防衛の第一義的責任を負うことを期待するとしていた。七〇年の『コマンド・ヒストリー』は、ニクソン・ドクトリンをうけて、太平洋軍が前方基地と前方兵力の削減する結果、中ソおよび北朝鮮・北ベトナムという共産勢力全体との戦力バランスが不利になる可能性に警鐘を鳴らしている。

七一年には、米中接近とソ連との関係改善によって、主要な敵国との関係が変わり、それにともなってインドシナ半島情勢も変化する中で、太平洋軍はそれまでの戦略や計画が大幅な見直しを迫られることに戸惑いを隠していない。一方、太平洋軍は中国とソ連、北朝鮮、北ベトナムなどアジアの共産勢力を一枚岩とみなして脅威の評価を行ってきたが、七一年に起こったインドとパキスタンの間の戦争にともない、インドを支援するソ連とパキスタンを支援する中国の関係がさらに悪化したため、アジアにおける共産勢力内部の力関係の変化に関心を示すようになっている。なお、それまでの『コマンド・ヒストリー』は、国民党政府を「中国」、共産党政府を「中共」と表記していたが、七一年版は初めて「中華人民共和国」という共産党政府の名称に言及している。

七二年には、ニクソン大統領の訪中と第一次米ソ戦略兵器制限条約（SALT－I）の調印、そして日中の国交正常化もあり、アジアの情勢が引き続き大きく変化した。太平洋軍はこのような国際環境の変化を肯定的にとらえながらも、脅威の存在が続く以上、抑止を引き続き重視する姿勢を維持した。この年の『コマンド・ヒストリー』は、中国について経済成長を犠牲にしてまで核大国の道を目指しているとし、東南アジアと朝鮮半島への兵力投入については即応体制が整っているとする一方、ソ連、インド、そして台湾への侵攻には相当の動員が必要と分析している。その上で、人民解放軍は、東南アジアと朝鮮半島方面から中ソ国境線沿いに兵力を展開しつつあるが、中国の核戦力を考慮しても、ソ連の優越性は当面続くと評価している。しかし、台湾侵攻については、空輸と水陸両用能力に制約があるものの、空爆は比較的容易で、太平洋軍が介入しなければ中国による台湾統一の達成は可能とみなしていた。

七三年以降、太平洋軍は、東側とのデタント（緊張緩和）が進んでも、即応性と機動性を通じた抑止を維持する重要性を強調するようになる。その背景には、米中の和解、米ソの核軍備管理交渉の進展、そして米軍のベトナムからの撤退によって、さらに国防予算の削減圧力が強まることへの警戒もあった。この時期、太平洋軍は米ソの戦略核戦力がパリティ（均衡）に達する中、西太平洋とインド洋におけるソ連海軍の増強と、それが米軍の戦略的機動性と西側の海上交易に及ぼす影響に強い懸念を示し、また中ソ対立によって中国がソ連の脅威への対処に専念せざるを得ない点を指摘している。七〇年代中頃の『コマンド・ヒストリー』では、中国の脅威評価に関する部分の機密が解除されていないか、メディア等の論調を掲載するにとどまっているため、この時期の太平洋軍が中国についてどのように考えていたのか正確には読み解くことはできない。ただ、全体の文脈から推測すれば、太平洋軍は、アジアから中東・インド洋で高まるソ連の脅威に対抗するため、中国に対する脅威認識を改め、中国との軍事協力の意義について検討していた可能性がある。七六年と七七年の『コマンド・ヒストリー』は、中ソが太平洋島嶼国への接近を図っていることに懸念を示しているが、中国の動きはソ連の動きを牽制するものとして必ずしも否定的にとらえていない。また、台湾との断交前、太平洋軍は台湾海峡中間線付近で人民解放軍機が国民党軍機への異常接近など挑発行為が増していることを懸念しているが、太平洋軍はむしろ台湾側に自制を促し、不測の事態が起こらないように要請している。

ニクソン政権がデタントを始めたのは、中国との関係改善によって、ソ連との関係も改善することであったが、ペンタゴンはソ連に対して優位に立つために中国との軍事的な協力を行う、いわゆる「中国カード」について検討していた。ウォーターゲート疑惑によるニクソン大統領の辞任と共和党右派の抵抗によって米中国交正常化が進まない中、ジェラルド・フォード政権は中国との情報と技術分野での協力を開始し、中国側の不満を和らげようとした。続くジミー・カーター政権は、ソ連のアフガニスタン侵攻に始まる新冷戦を戦うため、対空レーダーや輸送ヘリのような軍民両用技術の提供という形で、中国との軍事面での協力にも踏み切った。こうして、朝鮮戦争で敵対した米中は、暗黙の同盟を結んだ。自らの担任区域でソ連の脅威が拡大している太平洋軍も、対ソ抑止に中国を利用する「中国カード」の観点から中国への評価を改めていたと考えられる。

七九年、米中が国交を樹立し、米華相互防衛条約が失効した結果、太平洋軍と中国の関係も大きく変化した。七九年の『コマンド・ヒストリー』は、台湾からの軍施設の撤退についての詳細な報告を別添資料としてつけているが、中台関係への影響については触れられていない。むしろ、同年の中越戦争により、ソ連がベトナムへの支援を強化する引き換えに、ソ連海軍がベトナムのカムラン湾やダナン湾を拠点に南シナ海で活動を活発化させたことを「日米中にとっての懸念」と評価している。八〇年版は、さらに踏み込み、中ソ国境沿いの人民解放軍は、ソ連の四分の一の陸空戦力をそこに貼り付けることで、「グローバルな力関係に影響を与える重要な要素」と評価し、ソ連の拡張主義を押しとどめる上で「利益が共通するところがある」と述べている。当時のロバート・ロング米太平洋軍司令官は、中国との「さらなる対話」を行う時期が来たと述べ、米中関係は極東だけではなく、世界規模で大きな影響をもたらすと考えていた。八〇年三月には中国の高官として初めて章文晉外交副部長が、同年六月には耿飈国務院副総理が太平洋軍司令部を訪問し、ロング司令官と会談している。

3 米中「暗黙の同盟」の担い手としての太平洋軍

カーター政権は台湾との断交を決めたが、米国議会は圧倒的多数で台湾関係法を成立させ、台湾への武器供与の道を残した。八〇年の大統領選挙期では台湾問題をめぐる共和党穏健派と保守派の論争があらわになり、翌年に発足したロナルド・レーガン政権にとって、台湾への武器供与は政権内、そして中国との関係において難しい問題となった。レーガン政権は台湾関係法に基づき、台湾への武器供与を続けようとしたが、中国はこれに強く反発した。アレクサンダー・ヘイグ国務長官は中国への武器売却に関する制限を取り払うことで台湾への武器供与への反発を和らげようとしたが、中国の反発は収まらなかった。このため、八二年に米中は米国が台湾への武器供与を制限する内容の共同コミュニケを出すことになったが、米側は「中台間の軍事バランスが保たれる限り」という一方的に条件を付けた。その後、レーガン政権は台湾に武器を供与し続けたが、それは米中間の問題とはならなかった。

この頃の太平洋軍は、中台の軍事バランスについてどのようにとらえていたのであろうか。太平洋軍は質では国民党軍が、量では人民解放軍が優位と見積もっており、中国側がリスクを恐れず、また第三国が介入しなければ、中国による台湾統一は可能としていた。このため、台湾に対して「選択的に」防衛用の武器を供給するべきだと考えていた。台湾は地域における「新興経済勢力」であり、民間レベルでの関係を続けることの重要性も指摘していた。一方、太平洋軍は、中国の優先課題は国内の経済発展とソ連およびベトナムとの対立であり、また中国は軍事力よりも、政治的および経済的手段を通じた平和的な台湾統一を目指すと分析していた。台湾への武器供与の継続が米中間の懸案となった際も、太平洋軍は解決可能と楽観的な見通しを示していた。

八三年になるとロナルド・レーガン政権は中国への武器輸出の規制緩和に踏み切り、翌年には中国を対外有償軍事援助の対象国とし、これによって中国は米国政府から直接武器を購入できるようになった。以後、中国は米国の防衛産業から対戦車ミサイルや戦闘ヘリ、魚雷などの兵器を購入するだけでなく、レーダーやミサイル、ジェット戦闘機の近代化に関する技術援助も受けるようになり、自国の防衛産業基盤の強化を進めた。八二年に米国企業が中国に提供した防衛装備品や技術は五億ドルであったが、八五年にはこれが五〇億ドルに膨らんだ。

しかし、米中の暗黙の同盟は、微妙に性格を変えようとしていた。七〇年代を通じて、米中はソ連という共通の敵と戦う戦略的な目的のために接近したが、八二年の共同コミュニケを出した頃から、米国は中国の重要性をソ連とのグローバルな冷戦ではなく、あくまで朝鮮半島やインドシナ半島などアジアの問題の中で考えるようになり、一方の中国もグローバルな米ソ間の対立に巻き込まれることを恐れ、米国から距離を置くようになっていた。米国は中国に提供する武器や技術を選定する際、中ソ国境線で人民解放軍がソ連軍の脅威に対抗できるようなものを選んだが、中国側は対ソ牽制よりも、あらゆる種類の技術を米国から得ることに関心を持っていた。

しかし、太平洋軍は、まだ七〇年代の思考で米中関係をとらえていた。八四年にレーガン大統領が訪中する直前に太平洋軍司令部に立ち寄った際、ウィリアム・クロウ司令官が大統領に地域情勢をブリーフィングしているが、その中でクロウ司令官は地域におけるソ連の脅威を強調した後、中国についてベトナムの脅威を抑止するとともに、太平洋でソ連を牽制する上で重要な役割を果たしていると高く評価している。その上で、クロウ司令官は、中国が「世界の安定」のために重要な存在であると述べている。太平洋軍は最前線でソ連の脅威に対峙しているため、中国との暗黙の同盟をワシントンよりも重視していたのであろう。

八〇年の末に、ロング太平洋軍司令官は、中国を太平洋軍の担任区域に加えるべきだと二年ごとに行われる統合軍計画の見直しの中で提案した。その理由としては、中国への軍事援助プログラムが始まることに備えて、準備をする必要性が挙げられていた。そして、中国は八三年一〇月に太平洋軍の担任区域に加わった。対中軍事援助は国務長官の所管とされ、駐中国大使の下で、駐在武官が担当者となり、ペンタゴンや統合参謀本部、太平洋軍など関連部局と援助について調整することとなったが、太平洋軍は、援助内容の検討や実施において大きな役割を果たした。同年八月にジョン・レーマン海軍長官と劉華清人民解放軍海軍司令員が対潜水艦戦と防空分野での協力で合意したことを受けて、解放軍海軍の訪問団が秋に太平洋軍を訪問し、軍事援助について協議を始めた。こうして、太平洋軍は暗黙の同盟の担い手となったのである。

レーガン政権下で、米中関係は黄金期を迎えたと言われる。米中関係はもはや首脳レベルの関係のみではなく、政府、軍、そして社会レベルにまで広がっていった。八四年に訪中したレーガン大統領は、中国を「いわゆる共産主義国家」とまで呼び、中国の政治体制が変わりつつあるかのような発言をした。八六年には初めて第七艦隊の艦船が青島に寄港した。しかし、黄金期は長くは続かなかった。八〇年代になって、中国は中東などへ安価な武器を供給するようになり、ホルムズ海峡を通るタンカーを攻撃できる対艦ミサイルを中国がイランに売っていたことが明らかとなった。さらに、中国はサウジアラビアに核搭載可能な中距離ミサイルを輸出していたこともわかった。中国の一連のミサイル輸出を受けて、米国は中国へのハイテク製品の中国への輸出を制限した。

さらに、米中の暗黙の同盟関係の前提も崩れつつあった。八〇年代を通じて中ソ対立が徐々に緩和し、ソ連は八七年にベトナムのカムラン湾から海軍を撤収し、アフガニスタンからの撤退も始めていた。八九年にはモンゴルの中ソ国境付近に展開するソ連軍の撤収も約束した。米国は中ソが再び手を組むことをずっと懸念してきた。中ソ関係の改善を防ぐために、時に中国の法外な要求を渋々受け入れたこともあった。しかし、ミハイル・ゴルバチョフ書記長という改革派の指導者がソ連に現れたことで、長年の懸念が現実となりつつあった。八九年五月にゴルバチョフ書記長が訪中するタイミングに合わせて、米国が第七艦隊の旗艦ブルーリッジを上海に寄港させたのは、ゴルバチョフ訪中の影響を少しでも和らげ、米中の戦略的な関係を維持しようとしたからであった。しかし、ブルーリッジが上海に寄港した時、乗組員たちが目撃したのは二〇万人の市民が政治改革を求めて、共産党指導部を批判している姿であった。第七艦隊司令官は予定されていた北京での歓迎式典に出ることなく、艦隊を上海から出航させた。

4 天安門事件の余波と第三次台湾海峡危機

冷戦が終結するまでに、米中関係の潮流は明らかに変わり始めていた。中国は「いわゆる共産主義国家」ではなく、民主化を求める市民に銃口を向ける残忍な共産主義国家そのものであることが、八九年六月の天安門事件によって再確認されたからである。天安門事件を受けて、米国政府はただちに中国への武器供与の停止、そして軍同士の交流の停止を決め、その後経済制裁にも踏み切った。一方の中国は、国内では民主活動家への弾圧を強め、中東へのミサイル輸出も続けた。九〇年八月のイラクによるクウェート侵攻に対し、対イラク武力行使を認める国連安全保障理事会の決議にも中国は拒否権の発動はしなかったものの、棄権した。八〇年代の太平洋軍は、中国との軍事協力関係をグローバルな視点からとらえ続けていたが、もはや米中のグローバルな利益が一致しないことは明らかとなっていた。より重要なことに、米中は安全保障上の利益だけではなく、民主主義や人権という価値の面で大きく考え方が異なることがわかってきたのである。

天安門事件と湾岸戦争は、米中の軍事関係を大きく変えることになった。湾岸戦争は中央軍の指揮の下で行われたが、太平洋軍からは第七艦隊が派遣され、トマホーク巡航ミサイルや空母艦載機による空爆を行った。中国は湾岸戦争で米軍のハイテク兵器の威力を目の当たりにし、人民解放軍の近代化の必要性を痛感した。しかし、制裁により米国から軍事技術の提供を受けられないため、ロシアの兵器や技術を買いあさるようになり、ソ連解体後の経済的混乱の中にあったロシアも喜んでそれに応じた。九二年には中国が二四機のスホーイ27戦闘機を購入した。太平洋軍は八〇年代に中台双方への武器売却を通じて中台の軍事バランスを維持することができたが、それはもはや不可能になった。中台軍事バランスを維持するため、ブッシュ政権はF-16戦闘機の台湾への売却を決めたが、以降中台軍事バランスを台湾に有利な形で維持することは難しくなっていった。

こうした米中関係の変化は、再び台湾海峡での危機を引き起こすことになった。九四年の春、中南米そして南アフリカを訪問するために、台湾の李登輝総統を乗せた飛行機が太平洋空軍司令部のあるヒッカム空軍基地で給油を行った際、ビル・クリントン政権は中国の反発を恐れ、李総統がホノルル市内に入ることを認めなかった。しかし、九〇年代の台湾は民主化が進み、経済的な繁栄も著しかった。共産党政府の圧政ぶりを目の当たりにした米国の議会と世論は、台湾との新しい関係を望んでいた。

翌九五年には李総統が母校コーネル大学を訪問できるようにするため、クリントン政権がビザを発給すると中国政府は強く反発し、夏の間に台湾の近海で実弾ミサイル演習を行った。同年秋には、人民解放軍関係者が台湾を守るために核戦争をも辞さないという発言をするようにもなった。中国による軍事力の威嚇に対抗するため、年末には大統領の命令により太平洋軍はニミッツ空母打撃群に台湾海峡を通過させた。七九年の米中国交樹立以来、米海軍が台湾海峡を通過するのはこれが初めてであったが、米国政府はこれを「悪天候のため」と説明した。九六年三月に台湾で初の民主的な総統選挙が行われることになると、中国は再び台湾の近海でミサイル演習を実施した。これに対し、クリントン政権はニミッツそしてインディペンデンスという二つの空母打撃群を台湾海峡近海に派遣し、これを牽制した。

この第三次台湾海峡危機を通じて、米国と中国は互いを潜在的な敵国と再認識するようになった。米国は自らの軍事力を中国に見せつけ、中国による台湾への圧力を牽制し、地域の安定を維持した。一方の中国は、米国の軍事力の脅威の前に手も足も出なかったため、これ以降米軍の介入を阻止することに力を注ぐようになる。こうして、太平洋軍は中国を軍事的に支援する立場から、中国を牽制する役割を担うようになり、米中の軍事的対立の最前線に立つことになった。

5　太平洋軍に対する介入阻止戦略

「中国海軍の父」と呼ばれる劉華清の下で、人民解放軍海軍は八〇年代に従来の沿岸防衛思想を改め、日本列島から台湾、フィリピン、南シナ海にいたる第一列島線、さらには日本から小笠原諸島、グアムを結んだ第二列島線への敵対勢力の接近を阻む近海積極防衛を目指すようになった。第三次台湾海峡危機で圧倒的な力を示した米空母打撃群の介入を阻止するため、中国はまずかつて旧ソ連が米空母を攻撃するために開発したソヴレメンヌイ級駆逐艦とキロ級潜水艦を購入した。同時に、国産の潜水艦、水上艦、航空機、ミサイルの開発も急いだ。劉華清によって近海積極防衛の要と位置づけられていた空母も、ウクライナから旧ソ連製のものが購入された。

この間、米中は天安門事件以降途絶えていた軍事交流を再開していた。九四年秋にはウィリアム・ペリー国防長官が北京を訪問し、九五年春には第七艦隊の艦船が青島に寄港した。しかし、軍事交流再開後も、米中の軍事関係の悪化を象徴する事案が発生した。九四年一一月に黄海を航行していた空母キティ・ホークが中国の原子力潜水艦を探知し、対潜ヘリを飛ばしたところ、中国は戦闘機をスクランブル発進させ、七〇時間にわたって対峙が続いた。事件後、中国は今後同様の事案が起これば人民解放軍は発砲すると外交ルートを通じて警告したという。この事案をきっかけに、米中の国防当局の間で不測の事態を防止するメカニズムを構築することが確認され、九八年に米中は軍事海洋協議協定(MMCA)に署名した。MMCAは、年次会合とワーキンググループ、そして特定の問題を議論する特別会合からなり、米側では太平洋軍が代表を務めている。

このように米中間で危機管理メカニズムが構築されたが、危機は繰り返された。典型的な例は、二〇〇一年に起こった海南島事件である。この事例では、海南島の南東七〇海里の公海上空で、第七艦隊の電子偵察機と中国海軍航空部隊の戦闘機が衝突し、戦闘機のパイロットが行方不明となり、損傷した偵察機は海南島に緊急着陸、二四人の乗員の身柄が中国当局に拘束された。この事件の原因は、中国が排他的経済水域における米軍の偵察活動を「違法」とみなしているからであったが、中国は介入阻止戦略の一環として国際法を恣意的に解釈し、海南島事件の前後から中国近海での米軍の偵察活動の妨害を繰り返すようになった。二〇〇九年には、同じく海南島近くで偵察を行っていた第七艦隊の音響観測船インペッカブルが、中国の政府公船や漁船に妨害を受けた。これ以降、中国は非軍事的な手段も使って太平洋軍の偵察活動を妨害するようになり、一層危機管理が難しくなった。

人民解放軍の介入阻止能力は、その後も増強が続いた。射程距離一五〇〇キロの中距離弾道ミサイルDF－21を基に、「空母キラー」と呼ばれる対艦弾道ミサイルの開発を始めた。国産の静寂な宋級潜水艦の運用も開始し、二〇〇六年に沖縄沖で空母キティ・ホークの防衛圏内で浮上して見せた。中国初の空母の運用に向けた動きも本格化させ、機雷や衛星破壊能力、サイバー攻撃能力といった非対称攻撃能力の開発・導入も進めた。米国は、このような中国の介入阻止能力を「接近阻止・領域拒否（A2／AD）」能力として懸念するようになった。二〇一〇年の米国の「四年ごとの国防見直し」では、A2／ADの脅威に対抗するため、海空軍戦力の効率的な統合を目指す「エアシーバトル」構想が打ち出された。

太平洋軍は、中国のA2／ADの脅威に最前線で対峙する一方、信頼醸成、そして危機管理でも中国と接するという重要な役割を担うようになった。その中で、今後の米中関係を暗示するエピソードがある。二〇〇七年にティモシー・キーティング太平洋軍司令官が中国を訪問した際、人民解放軍海軍の楊毅海軍少将から太平洋の二分割を持ちかけられた。人民解放軍海軍が太平洋の西半分を管轄し、米海軍は東半分を管轄するという内容であったという。キーティング司令官はこの申し出を冗談として受け流したが、中国側が本気であったことが後にわかることになる。

中国の海洋進出は、二〇一〇年頃を境に、急激に強硬なものへと変わっていった。米国には「核心的利益」の相互尊重を要求する一方、東シナ海や南シナ海で国際法に基づかない一方的な現状変更行動を繰り返すようになり、周辺諸国と対立を深めた。特に一二年のスカボロー礁をめぐる中比対立と尖閣諸島をめぐる日中対立は、米国の同盟国が関与する問題であり、軍事衝突につながれば太平洋軍が介入する可能性が出てきた。中国は一三年には東シナ海に「防空識別区」を一方的に宣言し、一四年には南沙諸島の岩礁の埋立てを始め、さらなる現状変更を続けた。また、習近平国家主席は、「アジアの問題はアジアで解決するべき」とアジアから米国を排除する考えを表明する一方、米側には「新型大国関係」に基づいて米中の対立回避を主張し、米中で太平洋を二分割することを繰り返し提案するようになった。つまり、太平洋軍の担任区域である太平洋を二分する考えは、単なる一海軍将校の冗談ではなく、中国の最高指導者の考えとなったのである。

さらに、習近平指導部は「一帯一路」構想を掲げ、太平洋だけではなく、インド洋への進出も本格化させるようになった。一帯一路構想は陸と海のシルクロードで道路、鉄道、港湾、発電所、石油・ガスパイプラインなどのインフラ建設を行い、ユーラシア大陸を中心に巨大な経済圏を築くことを目指している。一帯一路は経済構想ではあるが、その背景には米国主導の地域秩序に挑戦し、中国主導の国際システムを確立しようという野心が見え隠れする。一五年の中国の国防白書では、介入阻止を意味する近海防衛とともにシーレーン防衛を意味する遠海護衛が打ち出され、遠海護衛の一環として、人民解放軍のインド洋における活動も徐々に増えている。ジブチにはソマリア沖の海賊対処部隊の拠点がおかれ、水上艦だけでなく潜水艦も「海賊対処」という名目でインド洋に派遣されるようになった。中国企業がパキスタンやスリランカ、バングラデシュなどの沿岸国でも港湾の整備を行っており、いずれは人民解放軍のインド洋における拠点となる可能性も指摘されている。

このような中国のインド・太平洋地域における野心に直面し、オバマ政権は「アジアリバランス」を掲げて戦略的にアジアを重視する姿勢を示すとともに、航行の自由が自らの国益であることを強調するようになった。その中で、ペンタゴンは二〇年までに太平洋と大西洋の艦艇と航空機の配備比率を五対五から六対四にすることを決め、太平洋軍はF-35ステルス戦闘機や空母ロナルド・レーガンなど最新の装備を優先的に在日米軍基地に配備し、質の面でも中国との最前線の能力を向上させている。また、中国の介入阻止能力が拡大する中、太平洋軍は地域における柔軟な運用を可能にするため、軍事力を分散させるようになり、その一環として、豪州ダーウィンへの米海兵隊のローテーション配備やシンガポールへの沿岸域戦闘艦（LCS）のローテーション配備を始め、さらに、地域における同盟国・友好国との合同訓練・演習の数と規模を拡大するようになった。

南シナ海は太平洋軍の担任区域である太平洋とインド洋をつなぐ要衝であり、中国による南シナ海における人工島の造成と軍事化は、国際法上の根拠がないだけではなく、インド・太平洋地域における太平洋軍の行動の自由を制約する可能性がある問題である。中国の強硬な海洋進出に直面する中、サミュエル・ロックリア太平洋軍司令官は太平洋軍が直面する最大の脅威として「気候変動」を挙げるなど、中国への対応に消極的であったが、後任のハリー・ハリス司令官は南沙諸島の人工島を「砂の万里の長城」と呼び、中国の行動を強く批判した。報道によれば、ハリス司令官は中国による南シナ海の軍事化への対抗措置として航行の自由作戦の実施をホワイトハウスに提案していたが、スーザン・ライス国家安全保障担当補佐官は気候変動での中国との協力を重視し、この提案に反対していたという。航行の自由作戦は一五年秋にようやく実施されたが、その頃には中国は人工島の造成をほぼ完成させていた。

その間、米中軍当局は、一四年に主要な軍事活動に関する相互通報制度と、海上における近接時の部隊行動規範、翌一五年には上空における近接時の部隊行動規範を結んだ。太平洋軍はその後も南シナ海での航行の自由作戦を継続しているが、現場では上記行動規範に基づいて中国側とのコミュニケーションが取られている。ハリス司令官も、前職の太平洋艦隊司令官の時に人民解放軍を環太平洋合同演習(RIMPAC)に招へいし、中国との信頼醸成を目指した。

このように、太平洋軍は最前線で人民解放軍による現状変更行動を牽制しつつ、米中間の危機管理と信頼醸成という難しい役割も引き続き担っている。しかし、太平洋軍による様々な努力は、中国による現状変更行動を止められていないのが実情である。ハリス司令官の後任に指命されたフィリップ・デービッドソン太平洋軍司令官は、「中国はもはや途上国ではなく大国で、地域における競合国だ」と述べ、中国の急速な軍備近代化に警戒感を隠さず、インド・太平洋における太平洋軍の前方展開の強化を目指している。中国による南シナ海の軍事化に歯止めをかけられない中、一八年五月、米政府は中国のリムパック参加を取り消し、伝統的に一隻で行ってきた航行の自由作戦を二隻で行うようになった。今後、太平洋軍は中国への対抗姿勢を強めることになるであろう。

おわりに

一九四〇年代に、地政学の泰斗ニコラス・スパイクマンは、アジア大陸と豪州、そして太平洋とインド洋の間にある海域を「アジアの地中海」と呼び、米国が「アメリカの地中海」であるカリブ海を内海として西半球の支配を確立したように、いずれ中国が経済成長を遂げ、その軍事力によってアジアの地中海を「中国のカリブ海」にすると予言している。この予言を実現するかのように、二〇一七年秋の中国共産党第一九回全国代表大会で、習近平指導部は中国建国一〇〇年となる二〇四九年までに、「中華民族の偉大な復興」という「中国の夢」の実現と、経済、軍事、文化など幅広い分野で米国と並び立つ強国となることを目指す長期構想を掲げた。

太平洋艦隊で長らく情報将校を務めたジェームズ・ファネル元大佐は、中国の将来について次のような分析をしている。中華民族の偉大な復興には、中国が「失われた領土」だと考えている台湾、南シナ海、そして東シナ海を取り戻すことが不可欠で、そのために中国は武力の行使もいとわない。二〇四九年に中国建国一〇〇年、そして中華民族の偉大な復興を世界の指導者に祝わせるため、中国は二〇三〇年頃にすべての領土を取り戻そうとする。一九八九年の天安門事件によって国際社会は中国に強い批判の声を上げたにもかかわらず、それからおよそ二〇年後の北京オリンピックの開会式には、ブッシュ米大統領をはじめとする世界の指導者が中国の発展を称えたるために出席した。二〇三〇年頃に武力行使をしても、二〇四九年までに世界はその事実を忘れ去っていると考えているからである。ファネル元大佐のこの分析が正しいとすれば、太平洋軍は二〇三〇年頃に予想される中国との戦争に備えなくてはならない。米中の戦争は、陸海空だけでなく、宇宙やサイバーなどあらゆる領域に及ぶ壮絶なものになるであろう。

太平洋軍と中国との関係は、五〇年代に第七艦隊による台湾海峡のパトロールや、台湾への軍事援助などを通じた間接的なものとして始まった。そして、米中和解とソ連の脅威の拡大を受けて、太平洋軍は自らの担任区域において中国を暗黙の同盟とみなすようになり、積極的に中国への軍事援助に取り組み、中国の防衛産業基盤の近代化に貢献した。しかし、冷戦が終わり、中国が介入阻止能力の獲得を目指すようになると、太平洋軍は最前線で中国の現状変更行動を牽制することになった。つまり、太平洋軍は自ら将来の敵を作り上げたことになる。

今日、中国は太平洋軍の担任区域であるインド・太平洋地域において、米国主導の地域秩序に挑戦するようになった。太平洋軍は西太平洋における中国の介入阻止戦略に対抗するだけでなく、インド・太平洋地域における繁栄と安定、そして国際法に基づく開かれた地域秩序の擁護というより大きな役割を求められるようになった。これから二〇三〇年にかけて、太平洋軍は中国に対する抑止、人民解放軍との信頼醸成と危機管理、そして抑止が崩れた場合の戦争に勝利するという困難な課題に挑戦し続けることになるであろう。

註

1——太平洋軍のコマンド・ヒストリーは米ノーチラス研究所のサイトで参照可能。https://nautilus.org/projects/by-name/foia/command-histories/(二〇一八年五月二九日最終確認)。

参考文献

佐橋亮『共存の模索——アメリカと「二つの中国」の冷戦史』勁草書房、二〇一五年。
ジェームズ・マン(鈴木主税訳)『米中奔流』共同通信社、一九九九年。
山本勲『中台関係史』藤原書店、一九九九年。

第8章 台湾と太平洋軍

田中靖人◆TANAKA Yasuto

はじめに

台湾は、沖縄県の与那国島から西側に約一一一キロ離れた台湾本島を中心とする「国家」である。「台澎金馬（台湾本島、澎湖諸島、金門島、馬祖諸島）」と総称される九州とほぼ同じ広さの地域を実効支配しているのは、「中華民国」政府であり、現在は一五カ国と外交関係がある。米国や日本など主要諸国は、台湾本島から平均約一八〇キロの台湾海峡をへだてて対峙する中華人民共和国政府を「中国」として承認しているため、台湾と正式な外交関係はなく、「地域」として扱っている。このため、特に中国政府への配慮が根強い日本では、台湾の国防への関心が低い傾向にある。だが、中台の分断を生み出し一九四九年に事実上の休戦状態となった国共内戦は、正式には現在も終結していない。また、中国は、台湾統一の手段として武力の使用を放棄しておらず、二〇〇五年三月には反国家分裂法を制定して、武力攻撃を発動する条件を明らかにしている。台湾海峡はアジア太平洋地域で朝鮮半島と並ぶ潜在的な「ホットスポット(紛争可能地域)」であり続けている。一九九五年夏から一九九六年春にかけ、台湾での初めての総統直接選挙を前に、中国人民解放軍が弾道ミサイル発射演習や上陸演習を実施したのに対し、米国が太平洋軍傘下の二つの空母戦闘群(当時)を派遣して中国側を威圧したことは、そのことを如実に表している。

また、台湾本島の南方のルソン海峡をへだてた約二五〇キロ先にはフィリピンがあり、台湾はいわゆる「第一列島線(九州－沖縄－台湾－フィリピン)」の重要な構成要素でもある。南シナ海と太平洋を結ぶルソン海峡は、中国海軍の艦艇や空軍の爆撃機が西太平洋に進出する重要な経路の一つである。同様に、台湾本島の北東方向にある沖縄本島と宮古島の間の宮古海峡は、東シナ海から西太平洋に進出する経路であり、近年、特に爆撃機H(轟)6の通過回数が増加している。台湾周辺の海空域は、中国の米軍に対する「接近阻止・領域拒否(A2／AD)」戦略の要衝といえる。

中国のA2／AD戦略を警戒する米国にとり、台湾が文字通り中国の一部となることはなんとしても回避すべき事態であり、中国が台湾の武力統一を試みることは、アジア太平洋地域全体に甚大な被害をもたらしかねない。米国防総省が二〇〇二年以降毎年、議会に提出している中国の軍事力に関する報告書に、必ず台湾海峡における中国側の態勢に関する章が設けられてきたのも、米国が中台紛争の抑止を重大な課題と認識しているからに他ならない。米国は長く「台湾関係法」に基づき台湾に武器を供与することで、台湾の防衛に間接的に関与してきた。米国の対台湾政策は「戦略的あいまいさ」と呼ばれ、どのような事態にどの程度の関与をするのかは明確にしていない。だが、近年の動向として、米国の台湾防衛への関与が単なる武器供与に止まらず、運用面に及ぶ「準同盟関係」とも言える水準になりつつあることが傾向として見て取れる。本章では、台湾の防衛に関する米国の政策を概観し、特にその中でも重要な役割を果している太平洋軍の役割について分析を試みる。ただし、米台関係はあくまでも非政府間のものであり、米台双方の当局が軍事的な協力関係について公に認めることはほとんどない。このため、根拠となる情報に、一部報道ベースのものが含まれる。

1 太平洋軍と台湾の歴史

太平洋軍と台湾の関係の始まりは一九五一年にさかのぼる。国共内戦の劣勢に次ぐ劣勢で、国民党の中華民国政府が一九四九年一二月に台北に移転した後も、共産党の人民解放軍の「台湾解放」の動きは止まらなかった。第七章でも見た通り、台湾はいったん一九五〇年一月のディーン・アチソン米国務長官の演説で、米国の防衛ラインから外された形となったものの、同年六月の朝鮮戦争の勃発に伴い、ハリー・S・トルーマン米大統領は台湾海峡の「中立化」を宣言した。一九四七年に設立された太平洋軍は一九五一年、小笠原諸島、マリアナ諸島、フィリピンとともに、台湾の防衛任務を極東軍（FECOM）から移管された[1]。一九五四年には米華相互防衛条約が結ばれ、その翌年には、太平洋軍の傘下に台湾協防司令部（U.S. Taiwan Defense Command）が設立され、司令部が台北に設置された。初代の司令官には米第七艦隊のアルフレッド・プライド司令官（中将）が就任した。台湾協防司令部の司令官は最後の海軍少将を除き歴代、海軍中将が務めた。米華相互防衛条約の防衛対象地域は台湾本島と澎湖諸島のみで、中国大陸に近い金門や馬祖などの実効支配島嶼は除外された。これは、米国が台湾の防衛を重要視する一方、「大陸反攻」を唱えていた蒋介石総統の下での中台の武力紛争に直接巻き込まれたくない意志の表れだったとされている。ただ、米軍は条約対象地域外であっても台湾側を見殺しにすることはなく、一九五五年二月に中国大陸の浙江省沖の大陳島から守備隊と住民約二万八〇〇〇人を撤退させる際には、第七艦隊を出動させて輸送に当たった。また、中国福建省アモイ沖の金門島で一九五八年八月から始まった「金門砲戦」では、再び第七艦隊を派遣し、武器や物資の供与を行うなどした。

在台米軍は、台北のほか、新竹や嘉義、台南、台中に駐留し、高雄の左営海軍基地には海軍の艦艇が寄港した。現在も軍民両用で使用されている中部・台中の清泉崗空軍基地は、後にアジア太平洋地域最大と呼ばれるようになったフィリピンのクラーク空軍基地を滑走路の規模で上回っていた。清泉崗空軍基地はベトナム戦争での戦略爆撃機B52の重要な出撃拠点となった[2]。また、太平洋軍とは異なるものの、台湾の空軍に米中央情報局（CIA）の支援を受けて高高度偵察機U2などの部隊「黒猫中隊」、「黒コウモリ中隊」が編成され、一九五〇年代後半から一九七〇年代にかけて中国大陸への偵察に従事したことが知られている。一方、中華民国には、米華相互防衛条約の締結以前から、米軍の軍事顧問団が派遣されていた。中台分断後の台湾では一九五一年五月に顧問団が正式に成立し、多いときで二〇〇〇人を超す顧問団が派遣された。顧問団の本部跡地は現在も「米国在台協会（AIT）」のビザ部門の建物が建っている。台米軍の規模には諸説あり、台湾では最大二〇万人との報道が多い。ただ、これは軍属を含めても多すぎるだろう。米軍の機関紙、星条旗新聞（The Stars and Stripes）は、米シンクタンク「ヘリテージ財団」の統計として、一九五八年に一万九〇〇〇人で最大となり、一九七〇年代までは四〇〇〇人から一万人だったとしている[3]。いずれにせよ、米中の国交正常化により一九八〇年に米華相互防衛条約が失効するまでの三〇年間近く、台湾と太平洋軍は密接な関係にあった。

2　米台断交と台湾関係法

米ジミー・カーター政権は一九七八年一二月一五日、一九七九年元日をもって中華人民共和国と外交関係を樹立することを発表した。一九七一年のニクソンショックから約八年を経た米中の国交正常化である。これに伴い、米国と台湾は断交し、米華相互防衛条約は失効することとなった。米政府は一九七九年一月に台湾に米華相互防衛条約の失効を通知し、条約は一九八〇年元日をもって終了された。中国は正常化三原則として、在台米軍の撤退、米華相互防衛条約の廃止、台湾との公的関係の終了を求めており、これに応じたものだ。台湾協防司令部は一九七九年四月、台北を後にした。カーター政権は同年一月、断交後の台湾との関係を規定した「総合法案」を議会に提出したが、中国との国交正常化の時期や内容について事前に政権から知らされていなかった議会側は反発し、台湾の安全保障に関する文言修正を経た台湾関係法が四月一〇日に成立し、同年元日にさかのぼって施行された[4]。台湾関係法に基づき、米台間の実務関係を処理する窓口機関として、民間の非営利法人、米国在台協会が設立された。

台湾関係法は、その目的で「西太平洋における平和と安全と安定の維持」を謳い、第二条で「防衛的な性格の兵器を台湾に供与する」と規定している。第二条は前後して、「平和以外の手段によって台湾の将来を決定しようとする試みは、ボイコット、封鎖を含むいかなるものであれ、西太平洋地域の平和及び安全に対する脅威であり、合衆国の重大関心事と考える」とし、「台湾人民の安全または社会、経済の制度に危害を及ぼすいかなる武力行使または他の強制的な方式にも対応しうる合衆国の能力を維持する」と定めている[5]。同法は、明文上は台湾への武器供与を定めているに過ぎないが、その前後の文脈からは、台湾の安全保障に米国が関与することが読み取れる。

米華相互防衛条約第五条には、「各締約国は、西太平洋地域においていずれか一方の領域に対して行なわれる武力攻撃が自国の平和及び安全を危うくするものであることを認め、自国の憲法上の手続に従って共通の危険に対処するように行動することを宣言する」と共同防衛義務が定められていた。それと比べれば、台湾関係法は米国の国内法にすぎず、その文言は、中台間で武力紛争が再発した際、米国が必ず介入することまでは保証していない。だが、実際に中国人民解放軍が台湾に武力侵攻した場合に米軍が何ら関与しないとは、現在の中国の当局者ですら考えていないだろう。

米国が介入する際、実際に行動する部隊の大部分は、この地域を担当する太平洋軍の役割になる。太平洋軍のハリー・ハリス司令官は二〇一七年四月二七日に上院軍事委員会で行われた公聴会に書面証言を提出し、その中で「米国は米国在台協会を通じて台湾との非公式関係を維持し、台湾の安全保障を支援している。太平洋軍は台湾関係法の下で米国のコミットメントを果たし続ける」と台湾の防衛に対する太平洋軍の関与を明確に述べている。ハリス司令官は、関与の「重要な部分」として、「武器の売却と台湾軍の訓練」を挙げ、中国の軍事力の増強に伴い、台湾の防衛力が相対的に低下していることに懸念を表明した。その上で、「我々は台湾が自らを防衛することを今後とも助け、中国が台湾の人々を強制的に再統一しようとするいかなる試みも受け入れられないという米国の決意を示さなければならない」と強調した[6]。

実際、太平洋軍が台湾関係法に基づき、台湾海峡で武力衝突が生起した際の「作戦計画」を策定していることが、過去の公開文書から確認できる。米国防総省は二〇〇〇年一二月一九日、米議会が定めた公法一〇六-一一三に基づき、「台湾関係法の実施に関する報告書」を提出した。報告書は、国防総省総合評価局(ONA)に対し太平洋軍と共同で「台湾関係法の実施のため、作戦計画(operational planning)と、太平洋軍に限らない米国防総省のその他の準備(態勢)の見直し」を行うよう求められたことに応じたものだ。この報告書は、二〇〇〇年時点で、見直すべき作戦計画がすでに存在していることを示している。報告書は非公開の本文と公開の要旨で構成されており、台湾の自主防衛能力の維持に米国が関与することは、単に台湾関係法に基づく義務からだけなく、「我々自身の国益のためでもある」と明記されている[7]。

さらに二〇〇六年五月には、米紙ワシントン・ポスト(電子版)で、ジャーナリストのウィリアム・アーキンが「作戦計画(OPLAN)五〇七七」の存在を暴露し、台湾の英字紙「タイペイ・タイムズ」も翌月に内容を確認する記事を掲載した。それによると、作戦計画五〇七七は、ジョージ・W・ブッシュ政権発足直後の二〇〇一年に策定され、二〇〇二年に新たな「戦略概念」が登場したことにより、二〇〇三年に更新された。さらに、二〇〇四年のドナルド・ラムズフェルド国防長官の指示によって再度、更新され、二〇〇五年に「作戦計画五〇七七－〇四」（〇四は二〇〇四年の意）となったという。作戦計画は米太平洋軍が監修し、担当する陸海空軍やミサイル防衛の部隊が具体的に指定されている。取り得る軍事的な選択肢としては、台湾海峡での海上阻止作戦や中国本土の目標の攻撃、サイバー攻撃や、核兵器の使用の可能性についても言及されているという[8]。

3 台湾への武器売却と六項保証

台湾軍（中華民国軍）は、主要装備のほとんどを米国からの売却に頼ってきた。二〇一六年時点の総兵力は約二一万五〇〇〇人で、内訳は、陸軍一三万人、海軍四万人、空軍四万五〇〇〇人で、海軍のうち約一万人が海軍陸戦隊（海兵隊）となっている。陸軍では、主力戦車や火砲はいずれも米国製、海軍は「康定級」として運用しているフリゲート艦六隻がフランスのラファイエット級である以外は、大型の戦闘艦はいずれも米国製、海兵隊も米国製の水陸両用装甲車AAV7が米国製、空軍は戦闘機四機種のうちF5E／FとF16A／Bがそれぞれ米国製である。自主開発したとする戦闘機「経国」も米ジェネラル・ダイナミクス社など米企業の技術協力を得ている。台湾軍はこれまで米国からの武器売却がなければ存立できなかったと言っても過言ではない。一九八八年以降当面の間、台湾は米国の武器売却先として金額ベースで世界第二位や第三位となり、同盟国である日本や韓国を上回るアジア最大の顧客であったこともある[9]。

だが、これらの武器供与は毎回スムーズに行われてきた訳ではない。上述の通り、中国は米国の台湾への武器売却を終了させせようとしており、米中国交正常化からわずか約三年半後の一九八二年八月一七日、ロナルド・

レーガン政権の下で新たな米中共同声明（コミュニケ）が発出された。一九七二年のリチャード・ニクソン訪中時の共同声明と比較して「第二次上海コミュニケ」、または「第三次米中共同声明」とされたり、中国や台湾で、その日付から「八一七公報（コミュニケ）」と呼ばれたりと名称は様々だが、米国の台湾への武器売却をめぐって出されたものであることに変わりはない。これは国交正常化にもかかわらず、米国が台湾関係法に基づき武器供与を続けていることに中国側が抗議したことから米中間で協議が行われたもので、協議は一九八一年一〇月から断続的に行われた。これに関連し、米国は一九八二年一月、台湾から出されていた新型の戦闘機の売却要求（機種は未定）を拒否している。中国側はこの声明を、米中関係を定義づける三つの文書の一つとして重視している。

声明では、米国側から、台湾への武器売却について、①長期的政策として実施しないこと、②質的にも量的にも米中の外交関係樹立以降、数年間の水準を超えないこと、③売却を最終的に減らしていき、一定期間の後、最終的な解決につなげる意志があること、の三点が表明された。一方、その前提として、「台湾問題の平和的な解決のために努力するとの中国側の方針を理解し、評価する」との文言も書き込まれた。

この共同声明に先立ち、蒋介石の死去に伴って総統となっていた長男の蔣経国は、「六項保証」と呼ばれる約束事項を米台関係の指針とするようレーガン政権に要求した。レーガン政権はこれに応じ、一九八二年七月には米議会にもその内容を通知した。その内容は、①米国は台湾への武器売却を終了する日を定めない、②米国は台湾関係法の文言を変更しない、③米国は台湾への武器売却に関する決定を行う前に、中国と協議しない、④米国は台湾と中国の間を仲介しない、⑤米国は台湾の主権に関する立場、すなわち、問題は（中台双方の）中国人自身によって解決されるべきとの立場を変更しない。また、台湾に中国と交渉に入るよう圧力をかけない、⑥米国は台湾に関する中国の主権を公式に承認しない、の六項目である[10]。ちなみに、「中国人自身」という表現は、台湾の国民党政権が「中国」を代表する「中華民国」政府を自称していることに鑑み、一九七二年のニクソン訪中時の共同声明にも盛り込まれた文言だ。

上記二つの中台それぞれへの「約束」は、大枠では矛盾しているようにみえるが、子細にみれば精巧な文言の選び方で双方に言い訳が立つようになっている。矛盾する中台双方の言い分を立てた労作だと言えるだろう。ちなみに、米国ではその後、米中関係を規定する際に六項保証に言及するかどうかが、その政権が台湾寄りかどうかを判断する基準となっている。トランプ政権の最初の国務長官レックス・ティラーソンは、上院の指名公聴会の際、書面質問で六項保証に言及した[11]。

4 米台断絶からの転換

台湾関係法に基づいて武器売却が継続される一方、米華相互防衛条約の失効は米台の軍事的な連携に深刻な断絶をもたらした。二〇〇三年から二〇〇五年にかけて共和党ブッシュ(子)政権で国務省の東アジア・太平洋担当国務次官補を務めたランドール・シュライバーが二〇〇一年に発表した論文によると、米台断交の後、米国政府は台湾を訪問できる政府関係者の階級を制限した。国務省では一般俸給表でGS15という課長級が上限とされ、アジア太平洋地域向けの安全保障政策に責任ある立場の人物は訪台できなくなった。米軍では上限はO6(大佐)となり、対外有償軍事援助(FMS)プログラムの関係者に限定された。また、政策上も、将校が参加するセミナーや合同軍事演習・訓練は行われなくなった。この結果、太平洋軍が策定する中台の武力紛争発生時の「作戦計画」は、台湾の実際の防衛計画に関する知識がほとんど無い状態で策定されていた。米台両軍の意思疎通はほとんど行われておらず、さらに、総統直接選挙の実施に伴う一九九五年から一九九六年にかけての第三次台湾海峡危機の際、台湾側はハワイの太平洋軍司令部の担当者の公開されている電話番号のリストすら持っていなかったという。

こうした関係を転換させたのは、米国が二個の空母機動部隊を派遣した第三次台湾海峡危機だった。当時、米国側は台湾が中国の弾道ミサイル発射実験にどのような対応を取るのかが判断できなかった。米台当局間の意思疎通は、台北の米国在台協会とワシントンにある台湾の窓口機関、台北経済文化代表処を通して行われたが、人員不足により情報量は明らかに不十分だった。シュライバーは、当時の国防総省高官の話として「危機の間、ほとんど台湾と肩を並べて対処したが、我々が彼らについて知っていることは、我々が中国について知っていることに遠く及ばなかった」と状況を説明している。抑止する対象である「敵」としての中国よりも、「味方」であり守るべき対象の台湾の状況が分からないというのは深刻な事態である。米国から見れば、台湾当局が中国の挑発に過剰に反応するというシナリオも避けねばならない事態の一つであったはずだ。米国防総省はこの経験から、米台の軍事関係を強化する方向に舵を切った[12]。

方向転換の第一弾として挙げられるのは、一九九七年、米カリフォルニア州モントレーで開かれた米台の安全保障当局の高官会議「米台戦略対話」だ。同会談は米台の国防当局間対話の中で最も参加者の水準が高い年次会合で、二〇〇一年に初めて報じられて国防総省がその存在を認めた。二〇〇一年の会合では「台湾の防衛のために提供される手段や相互協力に関する課題」について議論されたという[13]。初会合の場所にちなんで「モントレー会談(Monterey Talks)」とも呼ばれるこの年次会合は、その後、ワシントンやハワイでも開催されるようになった。二〇一七年八月にハワイで開催された会合では、米側の団長を太平洋軍のハリス司令官が務めた。台湾側は、国防部の蒲澤春副部長が団長を務め、総統の諮問機関「国家安全会議」の陳文政副秘書長や駐米軍事代表団が参加した。会談の内容は明らかになっていないが、台湾側は短距離離陸垂直着陸(STOVL)型のステルス戦闘機F35Bの売却と、自主建造を目指している通常動力型潜水艦の関連技術の移転を求めたという[14]。

同じく一九九七年からは、アリゾナ州のルーク空軍基地で、台湾空軍のF16のパイロットの訓練が始まった[15]。ルーク空軍基地は、米空軍の航空教育・訓練軍の基地である。米空軍の第五六戦闘航空団が置かれ、現在はF16とF35の飛行訓練を担当している。台湾は一九九二年にF16A／Bを約一五〇機購入する契約を結んだ。台湾空軍はこのうち一四～一六機を第五六戦闘航空団隷下の第二一飛行隊としてルーク空軍基地に残し、パイロットを派遣して米空軍の教官から各種の飛行・戦闘技術の教育を受けている。二〇〇四年には、当時の李傑国防部長が、戦時の空軍力不足を懸念し、当時二〇機あったF16部隊の引き上げを打診したが、米側が説得して取りやめさせた[16]。二〇一六年一月には、飛行訓練中のF16A一機が墜落し、操縦していた台湾空軍の少佐が死亡する事故もあった[17]。

また、米国防総省は一九九七年から二〇〇四年にかけ、台湾の防衛に関する評価を行い、報告書にとりまとめた。評価の過程では、調査団が台湾に何度も派遣され、陸海空軍・海兵隊の能力や台湾の指揮通信システムや防空システムを調査した。二〇〇七年から二〇〇九年には、台湾の国防部が米国の支援を受けて、台湾の防衛に必要な能力の検討を行った。これらの報告書は、その後の台湾の軍改革に反映された[18]。

二〇〇一年には、台湾の国防部と陸海空三軍が年間を通して行う軍事演習「漢光一七号」に米軍の将校が視察に訪れた。一九七九年の断交以来、初めてのことである。「漢光演習」の視察では、二〇〇三年の「漢光一九号」に、米太平洋軍司令官を退任したばかりのデニス・ブレア海軍大将が約二〇人の現役将校を引き連れて訪れ、視察団の「格上げ」が図られた。二〇〇二年には、太平洋軍のアジア太平洋安全保障研究センター（APCSS）の研修に、台湾からの研修生の受け入れが始まった。また、同年の夏までに、米台双方で、中国軍の潜水艦を監視するための「海中対潜戦（ASW）リンク」を設置するための協議が行われた。「ASWリンク」の詳細は不明だが、海中に敷設するソナー網（SOSUS）を指すとみられる。その後、実際にソナー網が敷設されたかどうかは不明で、計画が中止されたという情報もある[19]。

二〇〇二年には、米台の軍事当局者間で有事のホットラインが開設された。さらに、ブッシュ政権は同年、民間団体である米国在台協会に、国防総省を含む各省からの職員を派遣することを可能にする法案を議会に提出した。この法律により、台湾へは断交以来、初めて現役将校を常駐させることが可能となった。実際には二〇〇五年八月、初めて派遣された陸軍大佐が、台北での業務を開始した。米国在台協会の台北事務所には現在、統括役の武官のほか、陸海空軍から各二人、海兵隊から一人の武官が派遣されている。陸海空軍の武官のうち一人は武器売却担当、一人は台湾軍との軍事協力を担当しているという。業務の内容から見て、少なくとも軍事協力担当の武官は太平洋軍所属とみられる。このほか、陸海空軍から文官各一人が派遣されているという[20]。二〇〇三年八月には、調達・科学技術・兵站担当の国防次官が議会に対し、台湾を「非NATO同盟国」と指定するよう求める書簡を送付した[21]。

以上の事例から、米国は第三次台湾海峡危機を受けて自ら作戦計画を更新して台湾防衛の準備を整える一方、台湾との軍・軍関係の正常化を通じて、台湾自身の防衛力の強化に乗り出したことが見て取れる。台湾との軍・軍関係は、中国の反発を招かないよう実務レベルから始まり、その水準を徐々に引き上げていることもうかがえる。

5 台湾海峡有事での台湾と太平洋軍

米国防総省は一九九九年二月一日、「台湾海峡の安全保障情勢」と題する報告書を議会に提出した。これは上述した二〇〇〇年の「台湾関係法の実施に関する報告書」の前提となる中台双方の戦略態勢を評価したものである。この中で、中国が台湾への武力行使を決断した際に取り得る選択肢として、台湾の海上交通路（SLOC）の遮断と港湾の封鎖、大規模なミサイル攻撃、全面侵攻の三つが例示されている[22]。

◆弾道ミサイルの飽和攻撃

中国は、陸海空軍と同列に、弾道ミサイルと地上発射巡航ミサイルを運用する「ロケット軍」を編成している。一九六六年に設立され二〇一五年一二月末に改称されるまで「第二砲兵」と呼ばれていた戦略部隊である。台湾の国防部が立法院（国会）に毎年提出する「中共軍力報告書」（非公開）の二〇一五年版によると、第二砲兵（当時）の総兵力は約一五万人で、二〇数個のミサイル旅団に弾道・巡航ミサイル約一七〇〇発が配備され、うち台湾方面には短距離ミサイル約一五〇〇発が配備されているという[23]。台湾は弾道ミサイルの一斉射撃による深刻な脅威にさらされており、台湾の各軍司令部が発行する研究論文でも、第二砲兵の能力を分析したものは多い。弾道ミサイルは台湾海峡の対岸である中国福建省やその内陸側の江西省から発射された場合、七～一〇分で台湾に着弾する。その発射を、いち早く探知する弾道ミサイル早期警戒レーダーが、台湾北東部・新竹県の楽山（標高二六二〇メートル）の頂上に設置されている。米国が北米の五カ所に設置し、米本土に近い海域から発射される潜水艦発射弾道ミサイル（SLBM）の探知に使用しているレイセオン社製AN／FPS115ペーブ・ポウ（Pave Paws）と同型で、米空軍の監修の下で建設され、二〇一二年末に運用が始まった[24]。探知距離は五〇〇〇キロ以上とされ、二〇一二年一二月一二日に北朝鮮が長距離弾道ミサイル「テポドン二号」の改良型とみられる弾道ミサイルを発射した際、探知に成功している[25]。このレーダーについて、台湾の国防部は表向き「単独で運用する」としているが、日本のミサイル防衛システムが発射情報を米国の早期警戒衛星に依存していることからすれば、この説明は額面通り受け取れない。恐らく発射の探知情報は、米軍から入るはずである。台湾海峡有事に、中国のロケット軍が来援する太平洋軍の空母打撃群に対して対艦弾道ミサイル「DF21D」を発射するような事態になれば、その追尾情報は米軍に提供されるとみられる。

◆滑走路の修復

弾道ミサイルの一斉攻撃は、まず台湾の空軍基地の滑走路や対空ミサイルなどの防空施設、軍港その他の重要軍事施設に対して行われるとみられる。その後、戦闘機や戦闘爆撃機、爆撃機が侵攻し、巡航ミサイルや精密誘導爆弾などによって対空レーダーや撃ち漏らした戦闘機の格納庫、その他の目標に対する攻撃が続く。台湾空軍は、台湾海峡に浮かぶ澎湖諸島の馬公での一本を除くと、台湾本島九カ所の空軍基地に一一本の滑走路を保有している。弾道ミサイルはそれ自体の迎撃が極めて困難な上、中国軍は防御側のミサイル防衛能力を上回る「飽和攻撃」を可能にする多数の発射機を保有している。

米ランド研究所は二〇〇九年の報告書で、台湾の空軍基地への弾道ミサイル攻撃のシミュレーションを行った。一一カ所の滑走路を「完全かつ永久に閉鎖(shut down)」するためには数千発のミサイルが必要になるとしながらも、大半の滑走路を「一時的に使用不能」にするには、子弾式の弾頭を搭載した六〇～二〇〇発の短距離弾道ミサイルを一斉射撃できれば十分であり、現在中国が配備している発射機の数量と合致している、としている[26]。米国防総省が毎年、議会に提出する中国の軍事力に関する報告書の二〇一七年版によると、中国のロケット軍は現在、短距離弾道ミサイルの弾体を一〇〇〇～一二〇〇発、発射機を二五〇～三〇〇基保有しており[27]、この研究の結果と合致している。

台湾側も当然、こうした状況を熟知しており、「国道」の五カ所を代替滑走路に指定して二〇〇四年から戦闘機の離発着訓練を「漢光演習」の一部として実施している。さらに、一斉攻撃で破壊された滑走路を、可能な限り早く補修できるよう訓練を各空軍基地で毎年実施している。二〇一五年七月には、誘導路に重機ではなく実際にTNT火薬を爆破させて深さ二メートル、円周二〇メートルの穴を開け、二時間半以内に補修する訓練を実施した。この訓練の様子を伝えた自由時報の記事は、実際に米国に派遣されて滑走路修復訓練を受けた空軍中佐の言葉が伝聞として報じられている[28]。記事には派遣先は書かれていないものの、太平洋空軍が関連している可能性がある。

◆航空優勢作戦

弾道ミサイルの一斉攻撃が行われた後に中国空軍の戦闘機や戦闘爆撃機が来襲した際、米太平洋軍はどう対応するのか。「作戦計画五〇七七」の詳細が明らかになっていない以上、推察するしかない。米空軍と関係が深いことで知られるランド研究所は、たびたび台湾海峡有事に関する研究成果を発表している。そのうち、二〇〇八年八月のプレゼンテーション資料に、興味深いシミュレーションがある。米中両空軍の戦闘を想定したもので、時期は二〇二〇年とし、中国側はSu27フランカー（または殲11）二四機で編成する飛行連隊三個（計七二機）が台湾海峡の西側から侵攻する。迎え撃つ米軍側は、グアムのアンダーセン空軍基地からステルス戦闘機F22が飛来するが、空中給油機の数に限りがあり最大で六機となる。この六機が台湾海峡の東側上空で迎え撃ち、台湾本島上空に無人偵察機グローバルホーク二機が、さらに台湾本島から東側に離れた東シナ海上空に哨戒機P3C四機と早期警戒管制機AWACS二機、空中給油機六機が待機するというシナリオである。このシミュレーションは、F22が無傷で四八機のSu27を撃墜するものの、少なくとも二四機が台湾上空に進出した上、後方のAWACSなど米軍の全機を撃墜するという結果に終わる。この想定には、米空母のF／A18などが加わっておらず、わずかF22六機で中国軍の侵攻を迎え撃つという実際には考えにくい条件設定となっている。ただ、このシミュレーションの要点は、いくらステルス戦闘機の性能が高くても数的な劣勢は覆せないこと、早期警戒管制機や空中給油機などLD／HD（Low Density/High Demand）と呼ばれる数が少なく価値の高い兵器が失われた場合、戦闘の継続が難しいということにあり、結論として「近くて安全な空軍基地が必要」などの提言を行っている[29]。筆者が注目するのは、シンクタンクのシミュレーションとはいえ、米空軍のF22が台湾海峡上空で中国の空軍機と戦闘するという想定が、インターネット上に堂々と公開されているということである。

6 トランプ共和党政権下で強まる太平洋軍と台湾軍の連携

二〇一六年一二月二日、就任式典を間近に控えた米共和党のトランプ次期大統領と、台湾の蔡英文総統が電話で協議したことが、米側から発表され波紋を広げた。米大統領の当選者を含め、台湾の総統との協議が明らかになったのは一九七九年の米台断交後初めてのことである。米側の発表を受け、台湾の総統府も電話協議の写真を公表した。協議では、トランプ次期大統領が蔡総統のことを「プレジデント(総統)」と呼んだことも明らかにされた。「一つの中国」原則を掲げる中国は、国家元首の意味を含む「総統」ではなく「台湾地区の指導者」と呼んでおり、この表現も中国を刺激し、米中間に緊張が生じた。この緊張は二月九日、就任後にトランプ大統領が習近平国家主席との電話会談で「われわれの『一つの中国』政策を尊重する」と表明することで米中の立場の違いを残したまま表面上は沙汰やみとなった。だが、トランプ・蔡協議は米台の接近を強く印象づけた。

民主党のオバマ政権時代の武器売却は、F16C/Dなど台湾側が求めてきた大型案件はなく、低調に推移したように見える。だが、議会共和党の台湾支持派を中心に、地味ではあるが、中国に対抗する上で必要な兵器は引き渡されてはきた。中でも、オバマ政権が二〇一五年一二月に議会に通告した一八億ドル分の売却には、オリバー・ハザード・ペリー級フリゲート艦二隻が含まれた。同級のフリゲート艦は台湾がすでに八隻を「成功級」としてライセンス生産して運用しており、本来、中古品を購入する必要はない。また、米議会は売却権限を前年末に与えており、オバマ米政権としては中国に配慮して売却を見合わせてきたが、議会共和党の圧力を受けてようやく踏み切った形だ。ただ、この二隻には台湾が長年要求していた曳航式のソナーが付随しており、二〇一三年以降順次引き渡されてきた哨戒機P3C一二機と並び、台湾の対潜戦(ASW)能力に大きく寄与するとみられている。加えて、台湾海軍の成功級六隻分と康定級四隻の計一〇隻のフリゲート艦向けに、超水平線の戦術データリンクシステムを売却することも決まった[30]。この売却で、米海空軍や日本の海上・航空自衛隊が使用しているＬｉｎｋ－11との連接が可能になり、理論上は第七艦隊の艦艇などとの共同行動ができるようになった。米国と正式な同盟国でない台湾の海軍が、米艦隊と連携して行動できる技術的な素地ができたという意義は大きい。

台湾メディア「上報」は二〇一七年七月、中国初の空母「遼寧」の艦隊が台湾海峡を北上した際、米国のアーレイバーク級駆逐艦「ステザム」が、台湾海峡の中間線の東側で遼寧を追尾していたと報じた。記事によると、米台双方の海軍は通常、識別コードを交換しており、敵味方識別装置（ＩＦＦ）上に表示される。だが、今回は米艦艇がコードを発信しなかったため、台湾側は所属不明艦として追跡し、海岸巡防署（海上保安庁）の巡視船が目視で確認したという[31]。この事例が正しければ、米台の海軍はその意志さえあれば、連携して行動できることを示している。

トランプ政権は発足後約一年半の二〇一七年六月二九日、台湾への総額一四億ドルの武器売却を議会に通知した。内容は艦対空ミサイルＳＭ２や魚雷などの弾薬が中心で大型の武器はなかったが、米国在台協会の幹部は、「今後も必要な武器を必要な時期に提供していく」と述べた[32]。オバマ政権は二〇一一年から前述の二〇一五年末の案件まで、武器売却の決定を行わなかった（引き渡しは行われた）。今回の決定通知には、台湾への武器売却を今後も定期的に実施していくという象徴的な意味合いがあるとみられる。

軍・軍関係も強化が進んでいる。二〇一六年一二月に成立した二〇一七年度の国防権限法には、議会上院の修正で、米台の軍事交流の強化が追加された。同法の第一二八四項は、国防長官に対し、米台間で軍の高官と国防当局の幹部の交流計画を実施するよう要求した。これを受け、「上報」は、台湾の二〇一七年度の年次軍事演習「漢光三三号」に、太平洋軍が現役の将官を派遣すると報じた。記事によると、これまで派遣されてきた視察団には現役の佐官はいたものの団長は退役将官で、現役将官を派遣するのは断交以来初めてだという[33]。トランプ政権成立後の二〇一七年九月に議会を通過した二〇一八年度版の国防権限法案には、さらに踏み込んだ条項が設けられている。同法案の一二六八項では、「米軍の部隊による台湾の要員の訓練のための交流強化の支援」や「台湾との訓練や演習の機会の拡大に務めること」が盛り込まれた。また、第一二七〇項Eでは、米海軍の艦艇が台湾に寄航することについての可能性調査と、台湾の海軍艦艇がハワイやグアム、その他適切な場所に寄航することについての可能性調査を、それぞれ二〇一八年九月一日までに議会に報告するよう求めている。米海軍艦艇の台湾への寄航については、法案審議中から台湾でも報じられた。米国在台協会米国本部のジェームズ・モリアーティ理事長は「米国の軍艦が台湾の港に立ち寄ることは非常に困難で、危険ですらあるかもしれない」と述べ、否定的な見方を示した[34]。ただ、台湾での関心はその後もやまず、九月には米国在台協会が南部の高雄で台湾の海運業者に二〇一八年からの海上での補給業務を打診したと報じられた。報道によると、補給場所は高雄港の外側で、食料や淡水、生活物資を輸送する契約だという。報道は、輸送物資の規模から言って、イージス巡洋艦だとの見方を紹介している[35]。

さらに強化の動きは続く。自由時報は九月、二〇一八年三月に、台湾の海軍から米海軍の対潜戦演習に視察団を派遣することで米側が同意したと報じた。中国が新型のディーゼル潜水艦を増強していることに対抗するためだという解説付きで、台湾海軍の対潜ヘリの搭乗員らが米国に派遣され、米海軍の対潜ヘリに同乗して、実際の対潜戦の手順を学ぶという。米台断交前には「合同サメ狩り演習」という名称で定期的に対潜戦の合同演習が行われていたが、その後は途絶えていた。だが、「漢光演習」を視察した米軍の視察団が、台湾は対潜戦能力を強化すべきだと提言し、米国政府部内でも視察報告が検討された結果、受け入れが決まったとしている[36]。また、台湾メディア「上報」は二〇一七年七月、台湾の海軍陸戦隊(海兵隊)が同年五月末以降、一個小隊をハワイに派遣し、太平洋軍の海兵隊の部隊と二週間にわたって合同作戦訓練を行ったと報じた。派遣部隊の隊員は民航機で移動し、装備も民航機で貨物として運んだという[37]。

こうした報道に対し、国防部の報道官は明確に否定していない。台湾の当局とメディアの慣習として、メディアが誤報を流した時や当局が認めたくない報道があった場合、当局がその日のうちに否定することが多い。「上報」が海軍陸戦隊のハワイでの合同訓練を報じた記事は「米台は軍事同盟に向かっている」と見出しをつけており、現在の米台軍事関係の実態を象徴的に表している。

おわりに

米国でトランプ政権が発足して間もない二〇一七年一月一八日、ジョン・ボルトン元米国連大使が米紙ウォールストリート・ジャーナルに寄稿した一文が、外交関係者の間に波紋を広げた。ボルトンは「北京の好戦的な姿勢に対抗するため」として、台湾への米軍の再駐留を提言した。ボルトンは寄稿文で、再駐留には相互防衛条約の再交渉は必要なく、現状の台湾関係法だけで法的な根拠は十分だと主張した。在沖縄米軍の一部を台湾に移せば、基地問題をめぐる日米間の問題を緩和できるとまで書いた[38]。ボルトンは当時、国務副長官への起用が取りざたされており、単なる元政府高官の個人的な見解に止まらない可能性もあった。結局、ボルトンが起用されることはなかったが(同氏は二〇一八年四月、国家安全保障担当の大統領補佐官に就任)、バラク・オバマ政権下の米国で、中国との関係を重視する観点から「台湾放棄論」が時折、吹き出していたことからみれば、大きな転換を印象づけた[39]。トランプ政権の政府高官人事は遅れが指摘されているが、二〇一八年一月、国防総省のアジア太平洋担当次官補に親台湾派シンクタンク「二〇四九計画研究所(Project 2049 Institute)」のランドール・シュライバー代表が就任し、米台の安全保障関係の強化につながると期待されている[40]。

台湾の立法院(国会)の国防・外交委員会の委員が二〇一七年八月にハワイの太平洋軍司令部を訪問した際、ハリス司令官は、台湾の戦力が不十分だとして懸念を表明したという[41]。

これまで見てきた通り、米台の軍事関係は時々の米政権の差はあれ、着実に強化されてきた。太平洋軍が台湾の防衛に関与する度合いは、近い将来、高まりこそすれ、低まることはないだろう。トランプ政権の下で、今後どのような関係強化が図られるのか。さらに注目する必要がある。

註

1——Joint History Office, "The History of the Unified Command Plan 1946-1993," Office of the Chairman of the Joint Chiefs of Staff, 1995, p.2.

2——陳文樹「台灣中部空防堡壘 清泉崗空軍基地（中）」『中華民國的空軍』、八八五号（二〇一四年三月）、一二頁。

3——Seth Robson, "US Military History on Taiwan Rooted in Confrontation with China," *The Stars and Stripes*, December 18, 2016.

4——紀舜傑『台灣關係法』台灣、日本、與美國安全之連結」『台灣國際研究季刊』、第二巻第一期（二〇〇六年春季號）、二二六〜二二八頁。

5——殷燕軍「戦後台湾の安全保障における米国の政策の変遷と中国の対応」『アジア研究』、第四五巻第3号（一九九九〜二〇〇〇）、一〇二〜一〇三頁。

6——"Statement of Admiral Harry B. Harris Jr., U.S. Navy Commander, U.S. Pacific Command before the Senate Armed Services Committee on U.S. Pacific Command Posture," April 24, 2017, https://www.armed-services.senate.gov/hearings/17-04-27-united-states-pacific-command-and-united-states-forces-korea (accessed on September 22, 2017).

7——"Pentagon Report on Implementation of Taiwan Relations Act," December 19, 2000, https://web-archive-2017.ait.org.tw/en/20001219-pentagon-report-on-implementation-of-taiwan-relations-act.html (accessed on September 25, 2017).

8——Charles Snyder, "US Plan for Defending Taiwan Disclosed," *Taipei Times*, June 6, 2006, http://www.taipeitimes.com/News/taiwan/archives/2006/06/05/2003311784 (accessed on September 30, 2017).

9——Steven M. Goldstein and Randall Schriver, "An Uncertain Relationship: The United States, Taiwan and the Taiwan Relations Act," *The China Quarterly*, No.165, March 2001, p.162.

10——Kerry Dumbaugh, "Taiwan: Texts of the Taiwan Relations Act, the U.S.-China Communiques, and the 'Six Assurances,'" CRS Report for Congress, July 13, 1998. 丸括弧は筆者挿入。

11——"U.S. Secretary of State Reaffirms Six Assurances to Taiwan," The Central News Agency, February 9, 2017, http://focustaiwan.tw/news/aipl/201702090006.aspx (accessed on September 27, 2017).

12——Ibid., Goldstein and Schriver, pp.162-164.

13——Shirley A. Kan, "Taiwan: Major U.S. Arms Sales Since 1990," CRS Report for Congress, August 29, 2014, p.2.

14——「蒙特瑞會談落幕　我爭取潛艦技轉」、自由時報、二〇一七年八月一四日。

15——Ibid., Kan, p.2.

16——「台灣空軍調回駐美國基地20架F16加強空中戰力」、中安網、二〇〇五年一月四日、http://mil.big5.anhuinews.com/system/2005/01/05/001095685.shtml（二〇一七年九月二九日最終確認）。

17——「F－16戰機在美墜毀　美媒：台飛官恐罹難」、中央通信社、二〇一六年一月二二日。

18——Ibid., Kan, pp.3-4.

19——Ian Easton and Randall Schriver, "STANDING WATCH Taiwan and Maritime Domain Awareness in the Western Pacific," Project 2049 Institute, December 2014, pp.7-8.

20——筆者の台湾の国防部関係者への聞き取り（二〇一七年四月）。

21——Ibid., Kan, pp.5-7.

22——Robert Sutter, "Taiwan's Defense: Assessing the U.S. Department of Defense Report, 'The Security Situation in the Taiwan Strait,'" CRS Report for Congress, August 30, 1999.

23——中華民国国防部「１０４年中共軍力報告書」、二〇一五年九月一日（二〇一五年九月に筆者が入手）。

24——Ian Easton, "Able Archers, Taiwan Defense Strategy in an Age of Precision Strike," Project 2049 Institute, September 2014, p.27.

25——「北韓射火箭　國軍長程雷達掌握」、中央通信社、二〇一二年一二月一二日。

26——David A. Shlapak, David T. Orletsky, Toy I. Reid, Murray Scot Tanner, and Barry Wilson, "A Question of Balance: Political

Context and Military Aspects of the China-Taiwan Dispute," RAND Corporation, 2009, pp.35-51.

27——"Military and Security Developments Involving the People's Republic of China 2017," Annual Report to Congress, Office of the Secretary of Defense, May 15, 2017, p.95.

28——「太猛了！ 空軍機場跑道搶修演練 把跑道炸一個大洞」、自由時報、二〇一五年五月三日。

29——John Stillion, and Scott Perdue, "Air Combat Past, Present and Future," August 2008, http://www.straittalk88.com/uploads/5/5/8/6/5586615/twstrait_02261999.pdf (accessed on September 30, 2017).

30——"News Release: Taipei Economic and Cultural Representative Office in the United States Taiwan Advanced Tactical Data Link System (TATDALS) and Link-11 Integration," Defense Security Cooperation Agency, December 15, 2015, http://www.dsca.mil/sites/default/files/mas/tecro_15-45.pdf (accessed on September 30, 2017).

31——朱明「美派神盾艦進海峽中線 監視遼寧號」、上報、二〇一七年七月一四日。

32——筆者の米国在台関係者への聞き取り（二〇一七年七月）。

33——朱明「漢光兵推13年來首次 美現役將官率團進衡山指揮所」、上報、二〇一七年三月一日。

34——「莫健：美艦停泊台灣是困難 甚至是危險的」、自由時報、二〇一七年七月一二日。

35——「美艦停靠高雄港 傳ＡＩＴ啟動海上運補招標前置作業」、中国時報、二〇一七年九月八日。

36——「我獲邀參與美軍反潛操演」、自由時報、二〇一七年九月一一日。

37——朱明「台美走向軍事同盟 海軍陸戰隊赴夏威夷與美軍協同訓練」、上報、二〇一七年七月二一日。

38——John Bolton, "Revisit the 'One-China' Policy," *The Wall Street Journal*, January 18, 2017.

39——例えば、John J. Mearsheimer, "Say Goodbye to Taiwan," *The National Interest*, March-April 2014.

40——前掲、自由時報、二〇一七年八月一四日。

41——「台戰力不足 哈里斯憂心」、自由時報、二〇一七年八月一四日。

第9章

統合作戦構想と太平洋軍

マルチ・ドメイン・バトル構想の開発と導入

森 聡◆MORI Satoru

はじめに

二〇一七年二月二一日、米カリフォルニア州サンディエゴで米海軍研究所(USNI)と米軍通信電子協会(AFCEA)が「WEST2017」なる会議を共催し、アメリカ太平洋軍ハリー・ハリス司令官は、「インド・アジア太平洋からの見方」と題した基調講演を行った。この講演の中でハリス司令官は、人工知能を活用し、ヒトとコンピューターとの協働を進めることによって、作戦にかかわる意思決定の速度を上げたり、最先端技術を様々な兵器に組み込んで、それらを統合されたネットワークの中で運用することが、これからの敵に対してアメリカ軍が優位に立つうえで不可欠であると論じた。そして、将来の戦争で勝利するためには、マルチ・ドメイン・バトル(MDB)やドメイン横断攻撃といった構想こそが正しいアプローチであり、太平洋軍内に、軍内部各方面から専門家を集めてＭＤＢ検討チームを設置し、ＭＤＢを検証・推進するための演習を開始すると発表した[1]。

それから三ヵ月後の五月二四日に、今度はハワイ州ホノルル市で開催された太平洋地上軍シンポジウム（ＬＡＮＰＡＣ２０１７）においてハリス司令官は、陸軍と海兵隊だけではなく、海軍と空軍も、ＭＤＢこそが抗争的な区域における米軍の正しい戦い方を示すものだと納得していると説明した。ハリス司令官によれば、ＭＤＢは戦術及び作戦レベルにおける統合作戦を遂行するための構想であり、陸・海・空・宇宙・サイバーの全ドメインにおける部隊が、ドメインを横断して相互に支援し、敏捷性を高めていくことによって究極的には、全軍種のセンサーと攻撃兵器がネットワークによって完全に一体を成す統合作戦部隊を生み出すことを目指している[2]。

軍種間統合を進める必要性は、これまで長らく言われ続けてきたことであり、一九八六年のゴールドウォーター・ニコルズ法がその法的・制度的根拠を提供してきた（第一章を参照）。しかし、昨今のＭＤＢをめぐる論議が、これまでの統合をめぐる論議と決定的に異なるのは、米軍を取り巻く将来の作戦環境が、全ドメインでの優位を常続的に保証するものではないとの認識が前提とされている点である。例えば一九九六年に発出された「統合ビジョン２０１０」は、米軍の統合に関する長期ビジョンと課題を初めてとりまとめたものだったが、そこでは革新的な技術と情報面での優位を背景に、機動優勢、精密交戦、全次元的防御、効率的・効果的兵站といった要素から成る「フル・スペクトラム・ドミナンス」を達成できるとの想定があり、接近阻止・領域拒否（Ａ２／ＡＤ）といった挑戦課題への言及はまだなかった。しかも統合を進める必要性は、アメリカ国民が米軍による任務遂行をより低いコストとリスクで実現するように求められているためとの論理に立って説明されていた[3]。

これに対して、最近米軍が想定しているのは、自国に匹敵する戦力を持つ敵対国が、全てのドメインで米軍に対抗する能力を保有しつつ、従来戦争と呼ばれてきた事態に至らないような状況の下で活動を繰り広げたり、Ａ２／ＡＤ能力を活用するといった作戦環境である。そこには、米軍が長らくイラクとアフガニスタンに武力介入し、もっぱら反乱鎮圧作戦や対テロ作戦に従事していた間に、中国やロシアといった大国が、米国の軍事的優位を非対称な形で相殺する兵器近代化（特に精密誘導兵器などの開発や導入）を進めた結果、米軍が従来保持してきたアクセスや機動性が損なわれたとの認識がある。ロシアによるクリミア半島併合とウクライナ干渉、中国による南シナ海での威嚇的行動や人工島造成といった現状変更行動が顕現したことにより、米国国防当局は、大国間の通常戦力のバランスに再び目を向ける必要性を強く自覚するようになったのである。

その結果、二〇一四年一一月にチャック・ヘーゲル国防長官が、国防革新イニシアティヴ（ＤＩＩ）を発表し、人工知能やロボット技術、ビッグデータなどをはじめとする各種の先進技術を米軍に導入するとともに、新たな作戦構想を模索し、指揮官養成方法を見直すなど、広範にわたる取り組みを通じて米国が軍事的優位を回復するための第三次オフセット戦略を追求する方針を明らかにした[4]。太平洋軍においてＭＤＢなる作戦構想に関する検討や導入が活発化している背景には、米国に対抗する大国が強大な軍事力を持つことを将来的な作戦環境の前提にしたという事情もある。つまり、統合はもはや選択ではなく必須と理解され、作戦構想の中身も、かつて想定されていなかった大国を相手としたものへと様変わりしているのである。

ところでトランプ政権になってから「第三次オフセット戦略」なる呼称は使用されなくなったようだが、米国防当局内には、①新技術や既存技術が従来にはない形で兵器システム化され、②それが新たな作戦構想と結びつき、③さらにそれを支えるために必要な軍事組織の改編が実現した時に、軍事的能力が飛躍的に高まるとの理解がある。事実、トランプ政権が二〇一八年一月に公表した国家防衛戦略の要旨では、新技術を最初に開発できるかどうかよりも、新技術を取り込み、戦い方を適応させられるかどうかが重要であるとの認識が示されている。こうした背景の下、米軍内では現在も、これら三つの柱に沿ってイノベーションが模索されているが、新たな統合作戦構想の重要な一部を構成するものとしてＭＤＢ構想が検討されている。そこで本章は、作戦構想面でのイノベーションとして発展途上のＭＤＢ構想に着目し、その輪郭や主な要素を捉えてみたい。ロバート・ワーク国防副長官が二〇一五年四月八日に米陸軍大学で行った講演で、Ａ２／ＡＤ圏内に統合作戦部隊が侵入した場合に必要となるのは、エアランドバトル2・0であるが、それがいかなるものであるべきか、陸軍が答えを導き出さなければならないと論じたことが一つの契機となって[5]、陸軍が将来的な作戦環境を踏まえたMDB構想の検討と立案を主導し、太平洋軍がその導入を率先して進めている。

本章では以下、米軍は自らを取り巻く作戦環境が今いかに変化していると考えているのか、MDBとはいかなる作戦構想で、それは太平洋軍の担任区域である西太平洋地域においていかなる形をとると考えられるのかを論じる。そして最後に、米軍そして太平洋軍によるMDB構想の導入が、日本の防衛政策や日米同盟にもたらすインプリケーションについて論じて結びたい[6]。

1 太平洋軍を取り巻く作戦環境の変化

◆出撃拠点の非聖域化

第二次世界大戦以来、米軍の実施してきた大規模な軍事作戦は、いずれも時間をかけて戦力を集結させ、敵からの攻撃を避けられる拠点を築いてから軍事力を行使するものであった。例えば、朝鮮戦争中の一九五〇年、釜山に米軍第八軍が追い込まれてから巻き返しを図るために実施されたクロマイト作戦(仁川上陸作戦)では、第七統合任務部隊の艦船・部隊は神戸、横浜、佐世保などに集結し、そこから出撃した。また、ベトナム戦争においても、南ベトナムにおける地上戦は、南ベトナム軍と米軍の支配地域内の数多くの拠点から実行されたし、北ベトナムに対するローリング・サンダー作戦やラインバッカー作戦といった空爆作戦は、タイのウタパオ基地から飛び立ったB－52爆撃機などによって実施されてきた。さらに、中東にも目を向ければ、湾岸戦争やイラク戦争の時にも、サウジアラビア、クウェート、カタール、アラブ首長国連邦といった国々に米軍の出撃拠点が設けられ、部隊が事前に集結して戦力が投入されるという形をとった。
つまり、米軍がこれまで想定してきた作戦環境は、圧倒的な優位の下で、敵からの攻撃をほとんど受けない拠点から戦力を投射することが大前提となってきたのである。しかし、これらの前提が崩れつつあるというのが目下の理解であり、国防イノベーションを推進する動機となっている。では、米軍は具体的に、いかなる作戦環境の出現を見通しているのだろうか。

統合参謀本部(JCS)は、『統合作戦環境(JOE)』なる分析報告書をまとめ、これを基にして、統合作戦にかかわる諸概念を束ねる『統合作戦のための基礎概念(CCJO)』を策定している。最新版の『JOE2035』は二〇一六年七月一四日付で発出されており[7]、これを踏まえて二〇一二年に策定された『CCJO』の改訂が進められている(二〇一七年九月現在)。『JOE2035』は二〇三五年までの期間を視野に、世界秩序、人口動態の地理的影響、科学・技術・工学の発達という三つの分野で生まれる潮流や環境条件を特定し、それらが組み合わさることによって将来的な紛争が六つの文脈(①暴力的なイデオロギー競争、②米国の領土・主権への脅威、③敵対的な地政学的対抗関係、④グローバル・コモンズの混乱、⑤サイバー空間をめぐる争い、⑥地域の崩壊と再編)で発生するとの見通しを立て、例えばアジアが問題となる③④⑤にまつわる軍事的な競争について、次のようなインプリケーションがあるとし、かつてのような「聖域」を前提とした軍事作戦を実施できる可能性が低下していくとの見方を示している。

◆グレーゾーンでの現状変更を奇貨とした戦力投射能力の拡大

〈敵対的な地政学的対抗関係〉の文脈では、軍事競争の空間は、主として平和と戦争の狭間にあるゾーンになるとされ、次のような想定が示されている。まず競争相手国は、大規模な海外での作戦を公然と開始するのを避け、エスカレーションのリスクを最小化し、干渉などの事実を否定できる状況を確保しつつ、直接介入を回避するように設計された、直接的なアプローチと間接的なアプローチからなるハイブリッドの戦略をとるだろう。例えば、特殊部隊や、現地で手先となる反体制組織を先遣隊として活用しつつ、必要に応じて通常戦力なども駆使しながら、国境地帯周辺の領域や場所を迅速に奪取できるようになる。

次に、これらの国は奪取した場所に、高度な多層式対空防衛システム、最先端の有人・無人航空機、長距離弾道及び巡航ミサイル、潜水艦、水上艦などを配備しつつ、電磁妨害・欺罔(ぎもう)装置やサイバー手段なども活用しながら、それらの場所を防御するとともに、米軍とその同盟国を遠方に押しとどめようとする。その一部の国は、ハイテク戦での優位を誇る米軍に対して、非対称なハイブリッド型の対抗手段をとることが予想され、例えば自律型無人兵器のスウォームのような能力や、超音速兵器を獲得し配備すれば、大きな軍事的優位を得て、米軍による戦域へのアクセスと戦域での機動を制約できることになる[8]。

◆競争相手国によるグローバル・コモンズへの進出

また、〈グローバル・コモンズ〉については、二〇三五年までに、全てのコモンズで行動できる能力を確保することが、あらゆる国の部隊にとって中心的な重要性を持つようになるとされる。また、敵対国がコモンズに進出し、自国領土へとつながるコモンズの支配を強めることによって、米国によるコモンズの利用を阻害したり、自国の戦力投射能力のための基盤として利用したりするかもしれないとして、次のような想定を示す。まず競争相手国は、情報収集・監視・偵察(ISR)プラットフォームや高度なレーダーを搭載した無人機によって米軍部隊を追跡し、米軍のプラットフォームを妨害、欺罔、目くらましにするために攻撃的な電子戦を仕掛けられるようになる。その際には、海底・水中・水上・空中で活動する自律型無人プラットフォームからなる諸兵科スウォームを駆使して、コモンズを高解像度で監視し、アメリカ軍部隊による防御を困難にする。

また、競争相手国は、防御の薄い航空機の機体やセンサー、電子機器に対しては、高出力レーザー兵器や極超短波兵器を使うので、空のドメインがいっそう抗争的となる。のみならず、競争相手国は、宇宙へのC3（指揮・統制・通信）／ISRシステムの配備を進めるので、平時と有事において、衛星軌道をめぐる競争が激化する。衛星同士による妨害や、地上配備型レーザー兵器による画像センサー搭載型衛星の目くらましや破壊などが繰り広げられる。こうして競争相手国は、長距離から米国の戦力投射能力を繰り返し攪乱し、自国領土内やコモンズに基地や拠点を設置し安全に利用することによって、陸上の情勢に影響を及ぼそうとする[9]。

◆サイバー空間をめぐる争い

〈サイバー空間をめぐる争い〉について、競争相手国は、米国のサイバー能力への依存やサイバーに依存するシステムの脆弱性を狙って、各種の探索や侵入、そして攻撃を実施するとされる。一部の敵対国は、作戦レベルと戦術レベルで各種のサイバー戦能力を統合し、米軍部隊の軍事ネットワークを棄損し、部隊移動や作戦行動を阻害しようとするとして、次のような想定を示している。まず、これまでにない数の国が、広範にわたるサイバー攻撃部隊を保有し、サイバー空間に接続する様々なシステムの円滑な利用を妨げようとする。軍隊や治安当局は、越境ネットワークやウェブサイトの攪乱を通じて、社会不安を煽ろうとするだろう。特に金融、法律、技術にかかわるインフラといった先進国社会の依存するデータの信頼性を損なうことを目的とした攻撃が行われるようになる。

また、サイバー空間における競争には、戦略的監視活動をめぐる攻めぎ合いのほか、産業情報や科学情報を窃取する活動なども含まれる。データやネットワーク、サイバー空間にまつわる物理的構造物などを攪乱することによって、経済的、軍事的、政治的優位を獲得しようとするだろう。サイバー空間のネットワークを活用する物理的な兵器は、高出力極超短波兵器やレーザー・システムによる攻撃に対して極めて脆弱であるので、標的にされる。さらに、超高速兵器や自律型無人機のスウォームは、武力紛争の展開を速めるので、戦闘空間の把握や管理のために人工知能が開発されて対抗手段とされるようになる[10]。

以上の通り統合参謀本部は、競争相手国や敵対国が、アメリカ軍部隊による戦域へのアクセスと戦域における機動を崩す能力を高めているとみており、そうした脅威は、陸・海・空・宇宙・サイバーという全てのドメインで顕現するとの見通しを持っている。こうした作戦環境の変化を受けて、米軍はいかにアクセスと機動の自由を確保していくかという課題に答えるべく、各種の作戦構想が検討されている。次節では、いかなる統合作戦構想が検討されているのかを概観したうえで、開発途上のMDB構想とは何かを説明する。

2　マルチ・ドメイン・バトル構想とは何か

◆統合作戦構想の体系と近年の発展経緯

統合作戦構想の体系において、前述の『CCJO』が頂点にあり、その下に「統合作戦上のアクセスのための概念(JOAC)」が米軍による戦域アクセスに関する統合作戦概念として位置づけられている。JOACは二〇一二年一月一七日に、A2/ADに対処するための作戦構想として公表され、陸・海・空・宇宙・サイバー空間の中から、状況に応じていくつかの次元で優位を確保し、もって他の次元での脆弱性を相殺するという「ドメイン横断的な相乗効果」という考え方を打ち出した[11]。

このJOACの補助概念として当初位置づけられたのが、「エアシーバトル(ASB)」構想であり、二〇一〇年に発出された「四年毎の国防見直し(QDR)」において、A2/AD環境下における米軍の作戦構想として発表された。二〇〇九年七月にロバート・ゲーツ国防長官が、A2/AD問題への対処を検討するように四軍に指示したことを受けてASB室が設置され、検討が重ねられた。A2/ADという課題に対するASBの解は、すべてのドメイン(海、空、陸、宇宙、サイバー空間)にまたがるドメイン横断的な作戦を実施し、ネットワーク化された統合部隊が深部攻撃を行うことによって、必要な場所で敵のA2/AD能力を攪乱(disrupt)、破壊(destroy)、打倒する(defeat)というものであった(Networked, Integrated, Attack-In-Depth:NIA/D3)[12]。ASBの発表を受けて、中国本土を直接攻撃せずに、むしろ海上封鎖を中心に据えたオフショア・コントロール戦略が提案され[13]、ASB推進論者との間で、敵地攻撃の是非やエスカレーション・リスクなどをめぐって論争が生じたが[14]、まもなく下火になった。

その後、二〇一五年一月に四軍の責任者が了解覚書を取り交わして、ASBを「グローバル・コモンズにおける統合作戦上のアクセスと機動のための概念(JAM-GC)」と名称変更し、内容を発展的に更新する作業が行われ、JAM-GCは二〇一六年一〇月一九日付で統合参謀本部副議長セルヴァ将軍により統合概念として正式承認された。JAM-GCは、アメリカの統合作戦部隊がグローバル・コモンズでのアクセスと機動を保持し、戦力を投射することにより、A2/AD能力を駆使してアメリカ軍の行動の自由を奪おうとする敵を打倒することを目的としている。ただし、JAM-GCの策定にかかわった統合参謀本部の統合戦力開発部(J7)関係者らによれば、ASBとJAM-GCとの間には重要な違いがある。それはすなわち、ASBがA2/AD能力を組織的に撃破し、作戦環境そのものの変化を企図していたのに対し、JAM-GCは、敵のA2/AD能力の破壊そのものが目的ではなく、むしろ敵の計画と意図を挫くことを主たる目的としている点である。この重要な目的の修正は、他国によるA2/ADの開発と取得が予想以上のペースで進み、それを完全に破壊するにはかなり大きなリスクを伴うとの判断によって導かれた[15]。そこには、紛争の文脈に応じた敵の重心を攻撃し、自国に好ましい形で紛争を終結させることが、特に大国を相手とした武力紛争においては肝要との理解があるとみられる。

JAM-GCは、五つの基本的な考え方に立って統合戦力を組成すべきとしている。第一に、部隊を分散させたり、再展開し、各種の基地や作戦拠点を使用しつつも、機動力や戦闘力を集中させる能力を保持する〈分散可能性〉という考え方がある。第二に、戦闘での損害という形で生じる各種の逆境や劣勢から急速に回復する〈強靭性〉なる考え方がある。第三に、部隊が任務を達成するために暫定もしくは恒久的な構造の中で容易に指揮・統制・運用されうる〈適合可能性〉という考え方がある。第四に、既存のプラットフォームの航続距離、輸送量、滞空時間を増やしたり、共同作戦が実行可能な相手国の軍隊を増やしたり、商業システムの運用や統合の度合いを増すといった〈規模の十分性〉という考え方がある。第五に、統合軍部隊は、重複性やリソースの迅速な補給を可能にし、妨害や劣化に耐えうるだけの兵站システムなどを備え、残存力を保持しなければならないとする〈持久力の十分性〉という考え方がある。これらの属性を備えた統合作戦部隊こそが、A2/AD環境下で効果的に行動できると理解されている[16]。重要なのは、陸、海、空、宇宙、サイバーという全ドメインの能力を統合、すなわち指揮・統制レベルで全軍種のネットワーク化を実現することである。これがいわばJAM-GCの肝であり、後述するMDBにも通底する命題となっている。

◆マルチ・ドメイン・バトル構想

二〇一七年一月一八日に陸軍と海兵隊は、『マルチ・ドメイン・バトル――二一世紀のための諸兵科連合』と題した白書（MDB白書）を発出した。ここに示されているMDB構想は、陸軍と海兵隊が二〇二五年から二〇四〇年の時期を視野に、前述の『JOE2035』が示した作戦環境を想定して、米地上軍部隊が採用すべきアプローチを措定するものである。それは全ドメインの統合を前提とし、海軍と空軍を含めた全軍種のための統合作戦構想の基盤となる概念を示している。そこでまず、MDB白書に示された構想の主要な要素を整理しておきたい。

〈MDB構想の主な要素〉

- 空間：物理的空間および情報・認識空間の双方における作戦
◇ドメイン横断攻撃を活用した「優位の窓」の創出と活用
◇「任務委任型指令（mission command）」に基づく部隊の分散と糾合
- 組織：軍種間統合——ネットワーク化を通じた指揮・統制システムの一体化
- 技術：部隊の強靭性の向上
- ポスチャー：前方展開態勢の活用

まずMDB白書は、『JOE2035』の示した将来的な作戦環境を念頭に、物理的空間と情報・認識空間の双方における脅威を想定している。前者については、敵が統合された対空防衛ネットワーク、弾道及び巡航ミサイル、攻撃的電子戦能力、第四・五世代戦闘機、武装ないし非武装の無人航空機、沿岸防衛用巡航ミサイルなどを活用することによって、米軍部隊を分散させるとともに、米軍に遠距離からの作戦行動を強いるほか、米軍による柔軟な抑止措置や部隊増派を攪乱することができるとしている。他方、後者については、敵が情報戦を繰り広げて、米国の意思決定者や国内及び国際世論に影響を及ぼそうとするだろうとしている[17]。

こうした作戦環境の下でMDBは、物理的ドメインに加えて、宇宙、サイバー空間、電磁スペクトラム、情報環境、戦争にまつわる人々の認識といった他のドメインにも目を向ける。したがって、MDBはマルチ・ドメインの作戦環境において、「物理的及び心理的な優位、影響力、支配力を確保することを目的として、敵対相手に複数のジレンマを強いるような、奇襲や高速の行動を用いた同時あるいは連続した作戦を遂行する」ものである。各軍種は、他のドメインや抗争区域に戦力を投射し、米軍の行動の自由を確保するとともに、物理的及び非物理的なドメインで敵が対処しきれないようなジレンマを作り出し、敵に影響を及ぼすという考え方に立っている[18]。

このMDB白書を発展的に改訂したのが、二〇一七年一〇月と一二月に公開された『MDB：二一世紀のための諸兵科連合の進化、二〇二五～二〇四〇』（MDBペーパー）である[19]。八七頁にのぼるこのMDBペーパーは、今後改訂を重ねていくこととされており、右はその第一版にあたる。ここでは、MDBペーパー第一版が想定する作戦上の局面とその推移の形態、各局面における取り組み、そしてそれらの取り組みを可能にするMDBの三つの要素について説明する。

まず想定される作戦上の局面については、武力紛争未満の「競争」と、「武力紛争」という二つの局面が考えられている。競争の局面で敵は、武力紛争未満の状態における作戦を実施し、米国との武力衝突や米軍の従来の作戦手法を避けながら、時間をかけて自らの戦略目標を実現しようとする。他方、武力紛争の局面で敵は、米軍に対して統合されたシステムを運用し、全てのドメインで同時に、長距離から対抗したり分断することによって、米軍とその友軍が反応できない事態を作り出そうとする。MDBペーパーでは、武力紛争に至る前の競争の局面から米軍が事態に関与してエスカレーションをまず抑止し、仮に武力紛争が発生してしまった場合には、自国に有利な結果を導く形で武力紛争を再び競争の局面へと戻す、という局面の推移が想定されている[20]。これは米国に匹敵する敵対的な大国との紛争において、その大国が無条件降伏することは考えにくく、また米国としても敵国の無条件降伏を追求するのは現実的ではないとする判断に基づいているとみられる。

次に、競争と武力紛争の局面でいかなる取り組みが行われるかということについては、以下箇条書きにまとめる[21]。各局面では、敵が米軍と同盟国軍の分断をもくろんでいる場合、米国と同盟国はいかに敵を抑止し撃破するかが軍事的な課題とされている。

〈**競争①**〉

- 能動的な安定化作戦の遂行／敵による不安定化作戦への対抗

● 柔軟に選択される抑止措置（FDO）や迅速に選択される抑止反応措置によるエスカレーションの抑止
● 敵による偵察・非正規戦・情報戦への対抗
● 同盟国・提携国の通常戦力と非正規戦力の強化
● 敵の拒否空間を抗争空間に変える能力のデモンストレーション
● 長距離から機動する能力のデモンストレーション
● 上記の行動を国力の他の要素と組み合わせることによって、米国と提携国との分断・離間を阻止し、好ましく持続可能な安全保障環境を保全

〈**武力紛争**〉

● 拡張された戦闘空間の複数のドメインと場所で迅速な機動戦を展開して敵の通常戦力部隊を撃退する。
● 敵の当初の攻撃を撃退し、既成事実化による目標を拒否し、更なるエスカレーションを図らずに米国に好ましい条件に基づいた解決策を交渉する途を用意する。
● 次の四つの連関する行動を同時に遂行することによって敵のシステムと作戦を打破する。①対偵察、偵察、作戦の面で環境を整えておくことで、侵略に積極的に対応する。②全ドメインで即時に敵に対抗することによって、紛争開始時に敵の中枢能力を弱体化させる。③敵の主たる攻勢を攪乱することにより、友軍の更なる対処行動を可能にする。④敵を打倒し、望ましい結果を達成するのに必要な部隊を迅速に展開する。

〈**競争②**〉

● 情勢の不安定化を煽り、同盟国の活動を選択的に攻撃することによって、自らの意思を実現しようとする敵国に引き続き対抗する競争に回帰する。

●流動性の高い状況下で、公共サービスを復旧し、法と秩序を回復し、敵による転覆活動を特定して撃退する。
●敵による偵察・非正規戦・情報戦に対抗する。
●武力紛争の再発を抑止する。
●提携国が実効的に対処するのに必要な能力とキャパシティを回復・強化する。

ＭＤＢペーパーによれば、上記のような一連の局面の推移を管理していく際に重要となるのは、次の三つの要素である。第一の要素は、戦力態勢である。これは、前方展開部隊と米国本土からの遠征部隊と、提携国の部隊を適切に組み合わせて運用することを指している。前方展開部隊は、敵の接近阻止（Ａ２）圏内に即時展開し、敵による非正規戦を抑止ないし撃破したり、既成事実化戦術を阻止したりすることが求められる。遠征部隊は、本土ないし他の戦域から短期間で戦闘に直接介入できるような能力が必要とされる。そして提携国部隊は、偵察、非正規戦、情報環境戦（ＩＥＯ）に多大な貢献ができるとされているほか、提携国の対Ａ２／ＡＤ能力は敵の通常戦力部隊を撃破するのに必要な時間を稼ぐことができるとされている[22]。

第二の要素は、強靭な部隊編成である。ＭＤＢにおいて米軍部隊は、敵に対する優位を活用すべく、分散しながら半独立的に、かつ相互に支援しながらドメインを横断する能力を求められる一方、必要に応じて戦力を結集して敵を撃破する敏捷な能力も求められる。ここでは補給が断たれた状況や、ネットワーク等が劣化した状況などで任務委任型の指令に基づいた行動を続行できる部隊が必要とされている。こうした特性を有する部隊を育成・編成できれば、全ドメインにおいて米軍が優位にない状況下でも、各部隊による半独立型の機動が可能になるとされている[23]。

第三の要素は、能力の結集である。これは特定の目的を達成するために、各種のドメイン、環境、軍種にわたる能力を時間と物理的な空間を超えて統合することを意味する。ＭＤＢでは、全ドメインにおける優位が保証されない競争や武力紛争の事態下でも、能力を結集して「優位の窓」を作り出すことによって、敵部隊を撃破したり、敵を攪乱ないし圧倒するような複数のディレンマに直面させ、究極的には作戦目標を達成することが目指されている。そこでは特定の場所に特定のタイミングで、多数の異なる部隊の打撃力を結集させるのに必要な多数の時間軸が調整されなければならないほか、物理的な空間に加えて、サイバー空間や情報が生み出す認識空間における能力を結集させるという考慮も必要となる[24]。

以上の通り、ＭＤＢは多面的な能力の革新を促そうとするものであるが、作戦構想として鍵となる要素は、〈物理的空間および情報・認識空間の双方における作戦〉、〈軍種間統合〉、〈ドメイン横断攻撃〉、〈任務委任型指令〉、〈部隊の強靭性向上〉、〈前方展開態勢の活用〉といったことになろう。ＭＤＢは、今後の作戦環境下においては、もはや従来型の重複回避、支援・被支援の関係、基本的な同期行動では不十分であるとの認識に立つものであり、作戦計画の立案から任務割り当て、そして遂行までを軍種を統合して実施することが必要との根本的な理解に基づいている。つまり、軍種間の相互依存から統合へと進むべきとの指針を示すものである。

こうした深い軍種間統合を実現するためには、これまで以上に膨大なデータを収集・集約し、データの加工と分析をこれまで以上に正確かつ迅速に行って、できるだけ速く決定を下して行動を起こすことが必要となり、人工知能を駆使した自律的システムを頼ることが不可欠になってくると指摘されている[25]。他方、ネットワークが攻撃を受けて劣化した状況下においても、なお部隊が任務を遂行できるようにするためには、末端の部隊が、指揮官の意図を理解しつつ、部隊の分散と集結、攻撃を有機的に実施するための任務委任型指令の作戦遂行モデルが必要となってくる[26]。これを実効性あるものとするためには、こうしたモデルに即した指揮官や兵員の教育・訓練プログラムを組んでいかなければならない。

3 西太平洋地域とMDB構想

◆太平洋軍とMDB構想

MDB構想は、米陸軍の主導で立案され、海兵隊が承認し、今後海軍や空軍もこれに加わって、統合作戦概念へと発展すると見込まれている[27]。一般に、〈構想〉が将来的な作戦環境の下で必要となる作戦方法を示すものであるのに対して、〈ドクトリン〉は現在の訓練や作戦方法を設計するための枠組みや指針である。米陸軍は、現下の作戦環境が急速に変化しつつある状況に照らし、将来的な戦力整備の指針として活用するのみならず、MDB構想を直ちにドクトリンに組み込むという決定を下した。この決定により、MDB構想は陸軍のドクトリン改訂作業で吟味され[28]、二〇一七年一〇月に発出された陸軍ドクトリンFM3‐0に反映された。太平洋軍とりわけ太平洋陸軍（USARPAC）は、二〇一七年度からMDBを組み込んだ訓練や演習を実施しており、MDBの実体化を先導する役割を担っている。

ではMDBを実際に活用した作戦とは、どのようなものになると考えられるのだろうか。太平洋陸軍司令官ロバート・B・ブラウン将軍は、MDB構想を離島作戦に組み込んだ軍事オプションとして、次のようなビジョンを示している。まずサイバー戦能力と宇宙戦能力を駆使して敵の指揮・統制システムを一時的に攪乱し、この間に特殊部隊が目標となる島に上陸して飛行場などを制圧し、海兵隊が防御拠点を制圧するとともに、揚陸艦から降ろされた重機類を使って飛行場を修理したり橋頭堡を築く。ほぼ時を同じくして、空軍のC‐17やC‐130といった輸送機が、対艦ミサイル・ポッド搭載型の高機動砲兵ロケット・システム（HIMARS）や短距離離対空防衛システムを運用する陸軍のストライカー機動部隊を運び込むほか、高速飛翔弾を装填された一五五ミリ榴弾砲が降ろされ、この同じ輸送機に先に海から上陸した海兵隊部隊の一部が乗り込んで、次の目標地点へと向かう。

ストライカー機動部隊は約九六時間以内に防御陣地を固め、千人規模の部隊が三〇日間無補給で作戦行動に従事できることになる。さらに、この島は空軍の有人・無人システム、海軍の艦船や無人潜水艇、陸軍のAN/TPQ三六・三七型レーダーあるいはセンティネル・レーダー・システム、飛行船ネットワーク型対地攻撃用巡航ミサイル防衛センサー(JLENS)などによって、マルチ・ドメインのセンサー・ネットワークに取り囲まれ、全ドメインにおける攻撃の探知から目標の特定、攻撃の実施が可能となる。また、仮にネットワークが劣化した環境下においても、残存する戦力で継続して任務委任型指令を遂行することが期待される[29]。

太平洋軍のハリス司令官は、二〇一七年四月二七日の下院軍事委員会の太平洋軍ポスチャーに関する公聴会で、ワーク国防副長官がMDBを第三次オフセット戦略における最初の作戦構想だと述べたことを引き合いに出し、自身もMDBの強力な提唱者であると述べた。そのうえで、米軍がこれまでのように広域にわたる空と海を恒常的に支配できなくなる可能性を踏まえれば、MDBは、群島地域で作戦行動をとる海軍と空軍の部隊に、地上戦部隊、宇宙戦部隊、電磁スペクトラム部隊、サイバー戦部隊が加わることにより、戦術及び作戦レベルにおける優位を獲得するための一時的な優位を作り出すものとして重要であると説明した。ハリス司令官によれば、太平洋軍の統合を進めていくうえでの最大の課題は、海軍の協同交戦能力(CEC)[30]と、陸軍のTHAADとペトリオット・システム、そして海兵隊の指揮・統制システムとの間に欠落している接続性を確保することである。また、ハリス司令官は、MDBについて、軍種間統合のみならず、任務委任型指令の必要性にも言及し、MDB構想を今後大規模な演習でテストしていくように指示したと説明した[31]。

事実、MDBを想定した演習はすでに開始されている。例えば、ハワイを拠点とする第二旅団戦闘団、第二五歩兵師団、第二五補給大隊、第二五砲兵師団が単一の司令部の下で参加した演習「ライトニング・フォージ二〇一七」では、空中のセンサーが海上で敵艦船を発見し、その情報を、通信データリンクLINK16を通じて陸軍の砲兵司令部に送り、この司令部が高周波ラジオ通信で高機動砲兵ロケット・システムの運用部隊に攻撃指令を出して目標を攻撃するという演習が行われた。これは太平洋陸軍の砲兵部隊が敵対勢力による海上支配や海上における攻撃作戦を拒否する能力を高めるための取り組みであり、こうした部隊が戦域に事前配備されるとすれば、抑止力を発揮すると期待されている[32]。また、海兵隊も試験演習「上陸機動模索実験（S2ME2）」を二〇一七年三月にカリフォルニア州で実施し、上陸作戦に先立って無人機で上陸目標地点を一斉攻撃する方法などを実験した[33]。

こうしたMDB構想の導入について、太平洋陸軍司令官ブラウン将軍によれば、太平洋軍では次の三つの分野で取り組みが進められている。

第一に、組織とプロセスの面では、やはり軍種間の統合が重要かつ中心的な課題となっている。太平洋陸軍は三つの方法によって、この課題に取り組んでいる。①柔軟な指揮・統制モデルや状況に適した部隊編成を活用する作戦の立案や実験を行っているほか、②演習プログラムを改編し、演習内で発生するあらゆる出来事が統合作戦にからみ、そして多国籍の側面を有するように設計されており、二〇一八年度の環太平洋演習（RIMPAC）が当面の最大の表舞台となる。また、③太平洋軍では軍種間や統合軍司令部との間の指揮・統制過程に関するイノベーションも進められている[34]。

第二に、技術面では、国防長官官房の戦略的能力室（SCO）や陸軍省の急速能力室（RCO）などと協力関係を構築して、兵器・物資面におけるソリューションを迅速に得るための基盤を整備した。これらの能力開発を担当する部署は、既存の技術を従来なかった形で活用する方法を考案しており、この過程にも太平洋陸軍は深く関与している。太平洋陸軍にはここ十数年で、「戦闘実験」の文化が深く根付いたため、この文化を活かした様々な兵器実験が行われている[35]。

第三に、人材面では、敵が優位にある状況で的確な判断を下せる指揮官を要請する取り組みが行われている。例えば、各種の教育・訓練プログラムにおいて、「対応不可能」なシナリオや、予測のつかない「ブラック・スワン」シナリオなどを使って、困難な意思決定の経験を重ね、その中で指揮官や兵士らに批判的思考の訓練を積ませている。また、太平洋陸軍は異文化の思考を理解する能力を養うために、「地域指導者養成」なるプログラムも実施している[36]。

以上のような取り組みを通じて、二〇二二年から二〇三〇年の時期を目標に、MDB任務部隊の編成が目指されている。米陸軍はテキサス州のフォート・ブリス基地を拠点にして、MDB任務部隊をテストするためのパイロット・プログラムを開始する予定で、このプログラムは太平洋陸軍の監督の下で進められることになっている[37]。

◆アーキペラジック・ディフェンス

このようにMDBは、軍種間統合や最新技術、前方展開態勢などを物理的空間及び情報・認識空間で最大限に活用して、米軍部隊の行動の自由が制約された作戦環境の中で、一時的な「優位の窓」を作り出し、そこを梃子にしてさらに作戦行動を拡大することを可能ならしめる作戦構想である。こうした作戦構想がドクトリンとして結晶化し、さらにそれを下地にした戦争計画や訓練計画が策定されて初めて実効化されることになる。こうした戦争計画の最終目的は、少なくともほぼ対等な戦力を保有する敵対勢力を相手とする場合、前述のJAM-GCの目的が示唆しているように、あくまでその敵対勢力に意思の変更を強いることにある。したがって、そのためには諸々の作戦を糾合する軍事戦略が必要となる。

米国の国防当局は、インド・太平洋地域で米軍が採用する具体的な軍事戦略を発表していない。将来的な作戦環境を見据えた軍事戦略は、継続的な検討過程にあるものと思われる。しかし、一部の国防戦略専門家らは、いわゆる第一列島線に沿って米軍部隊を前方展開する「アーキペラジック・ディフェンス(群島防衛戦略)」と呼ばれる軍事戦略の構想を提唱している[38]。戦略予算評価センター(CSBA)元理事長のアンドリュー・F・クレピネビッチはその中心人物の一人であり、これまでもエアシーバトル構想など西太平洋地域における軍事戦略を提唱してきたが、二〇一七年八月に集大成ともいえる戦略提言『群島防衛』を発表した。これが米国国防当局の戦略検討過程にいかなる影響を与えるかは分からず、これをそのまま米国の軍事戦略として理解すべきでもない。しかし、この群島防衛戦略は、太平洋軍が導入を進めようとするMDBと極めて親和的な内容であり、西太平洋戦域における米国の軍事戦略の方向性を示唆するものであるので、ここで全容を紹介する紙幅はないが、その主な要素のみ整理しておきたい。

クレピネビッチの提唱する群島防衛戦略は、西太平洋戦域で中国人民解放軍といかに対峙するかを描くものであり、いくつかの重要な前提条件の下に、以下の主要な特徴を有する内容となっている。

- 米国の防衛態勢の主軸を、遠征態勢から前方展開態勢へと移行し、第一列島線に沿って米国と同盟国のための燃料・弾薬の堅固な備蓄体制を整備する。
- 脆弱性を増している地上と海上の基地や水上艦への依存を低下させ、その代わりに、抗争的な環境で長距離の偵察活動と攻撃任務を遂行できる兵器システムや、中国人民解放軍による長距離攻撃能力を損耗するためのアクティヴもしくはパッシブな防衛システムを活用する。
- 機動作戦部隊を編成し、第一列島線と第二列島線の中で突破されそうな区域に派遣したり、必要となれば後続作戦や反撃作戦に投入する。
- 空、海、情報の拒否作戦に直接関連する能力を重視する。
- 中国が自らの戦略的縦深性を有利に活かすのを阻止すべく、主要な軍事戦略上の資産や経済的資産を攻撃のリスクに晒す。
- 中国が戦時に追求する作戦・戦略上の目標達成に要する時間を長引かせる。

● 平時から厳密かつ現実的な訓練を頻繁に行うなど、同盟国や連合提携国との協力や相互運用性を高める[39]。

これらの要素を含む群島防衛戦略は、六つの戦略的競争軸（①敵による攻撃の甘受、②偵察をめぐる競争、③長距離攻撃をめぐる競争、④海上拒否をめぐる競争、⑤海上封鎖と通商防衛、⑥戦力集中と反撃）に沿って構成される包括的な内容である。この中でドメイン横断攻撃を実施できる陸上部隊は、例えば海上拒否競争や海上封鎖などで強みを発揮する。クレピネビッチは、陸上部隊には次のような特性があるとして、その重要性を指摘する。第一に、陸上部隊は小規模な集団に分かれることが可能であり、水上艦や航空機よりも一層効果的に分散することができる。第二に、陸上部隊は、空軍部隊や海軍部隊ほど大規模な基地に依存せず、空・海軍部隊にはできないような形で拠点や陣地から作戦行動を起こせる。第三に、陸上部隊は、艦船や航空機ほどの機動性を有していないが、表装・隠蔽工作を駆使することにより、敵の偵察活動を十分に混乱させることができる。第四に、陸上部隊は、艦船や航空機よりも弾薬や燃料を多く確保することができる。第五に、陸上部隊が戦略的防御態勢を固めれば、地上ラジオ周波発信装置と接続された埋設型光データ通信線などを活用して、衛星通信に頼らずに、効果的な指揮・統制・通信システムを保持することができる。第六に、陸上部隊は、海空軍部隊よりも電力へのアクセスを確保しやすいため、一層強力な電子妨害装置や、やがては指向性エネルギー兵器を使用することができる。陸上部隊がこれらの特性を活かせば、高い機動性を有する海空軍部隊を、第一列島線と第二列島線で強みを発揮できる作戦に集中的に投入することができる[40]。

以上の通り、群島防衛戦略は、前述したMDBの主要な要素と親和的であるというよりも、それらを不可欠とする軍事戦略である。このことはすなわち、MDBが太平洋軍の統合作戦部隊のドクトリンとなっていけば、陸上部隊によるドメイン横断攻撃を活かした群島防衛戦略の特徴を備えた軍事戦略を採択する道が開けることを意味する。それは同時に、西太平洋での米国と同盟国の抑止力が強化されうることをも意味する。ただし、日本の南西諸島やフィリピン、さらには台湾に、どの程度のMDB任務部隊を前方展開できるかは、高度に政治的な問題であり、また今後の国際情勢の趨勢にも影響を受けるので、その行方次第で群島防衛戦略の実効性も決まってくるという冷静な視点も必要であろう。

おわりに――日本の安全保障へのインプリケーション

太平洋軍が今後いかなるペースでMDBを実体化させていくかを見通すのは、たしかに困難ではある。しかし、米国の眼前に現れた中国のA2／ADという挑戦課題に対して、MDBは、軍種間統合を前提としたドメイン横断攻撃や任務委任型指令を駆使して「優位の窓」を作り出し、それを奇貨とした攻撃作戦で敵の意図を挫くという作戦構想面からのソリューションを示そうとするものであり、陸軍や海兵隊のみならず、海軍や空軍も、多くの摩擦をみながらも、センサーとシューターのネットワーク一体化を通じた指揮・統制（C2）の一元化という方向性や長期目標を受け入れていくものとみられる[41]。前述の通り、ハリス司令官はC2の統合深化をすでに指示しており、太平洋軍がMDB構想の実現化を進めていくとすれば、それが日本にいかなるインプリケーションをもたらすのかを検討しなければならない。そこで以下、太平洋軍によるMDB構想の導入が日本の安全保障にもたらすインプリケーションについて指摘して結びたい。これはMDBの進化の段階に応じて検討することができる。

第一に、太平洋軍によるMDBの導入が進めば、太平洋軍と自衛隊の情報ネットワークを統合することの効用が高まってくると考えられる。日米同盟は、両国の指揮命令系統を並立させる体制をとっているが、MDBの効用を最大限に活かすとすれば、両国のセンサー・プラットフォームが収集するマルチ・ドメインのＩＳＲ情報を太平洋軍と自衛隊が共有し、事前協議で定めた計画に沿って、日米が各々必要な作戦を遂行できる体制を組むことが考えられる。すなわち、センサー情報を共有し、シューターへの攻撃指令は日米が調整しながら各々で下すというモデルである。この場合、センサー・プラットフォームが備えるべきサイバー・レジリエンスの基準を日米で揃え、共通作戦状況図を整備していくことが必要となる。日米標準のサイバー・レジリエンス基準を満たしたセンサーの地域分散配備と、喪失時の追加配備能力の増強も課題となろう。なお、ＩＳＲ情報ネットワークは、日米を超えて、広く東アジアの能力構築支援対象国の海洋状況監視（ＭＤＡ）のシステムにも広げていくことが考えられる。

第二に、太平洋軍と自衛隊の統合Ｃ２レベルでの連携の必要性が高まっていくことになると考えられる。太平洋軍と自衛隊が、離島を含む日本の領土防衛のための共同作戦や、いわゆる存立危機事態の下で共同作戦を遂行する可能性に照らせば、太平洋軍がＣ２の軍種間統合を進めていく中で、自衛隊が従来のように陸・海・空それぞれのＣ２を分けたまま相互運用性を高めていくのか、あるいは自衛隊においてもＣ２の統合を進めるべきなのかを検討する必要があろう。太平洋軍がＭＤＢ任務部隊の司令部となった場合、自衛隊のカウンターパート（例えば南西諸島防衛にあたる統合任務部隊司令部）にあたる司令部が、統合Ｃ２同士のレベルで連携するモデルを確立できてないとすればなければ、Ａ２／ＡＤ環境下で求められる作戦行動の迅速性や包括性、広域性がフルに実現できない可能性がないとはいえない。なお、日米がそれぞれ統合Ｃ２ネットワークを整備していくにあたっては、広域に分散した多様な部隊を一元的に運用する極めて複雑な作戦の立案が必要となることから、Ｃ２システムに、いわゆるオートノミーを導入することは不可欠になってくると見込まれる[42]。

第三に、日本の領土内に太平洋軍のＭＤＢ任務部隊が前方展開し、自衛隊の部隊と連携しながら有事の際の「優位の窓」を最大化するための戦力態勢を整える必要が高まってくると考えられる。中国のような国が、今後も弾道・巡航ミサイルや第四・五世代戦闘機、無人兵器、潜水艦などを増強していくとすれば、それにつれて戦域における米軍部隊や自衛隊部隊の行動の自由は制約されていくことになる。そうした趨勢の中で、機動力の高さという最大の強みを米軍が発揮するためには、様々な場所で「優位の窓」を作り出せるように、A2／AD圏内の広範囲にわたってドメイン横断攻撃が可能な部隊を迅速に分散展開できるようにしておくことが重要な意味をもつことになる。このことは端的に言えば、在日米軍部隊が一部の基地に集中配備されている前方展開態勢の柔軟性を高める、すなわち有事が差し迫った段階で、太平洋軍MDB任務部隊が日本国内の自衛隊基地やその他の潜在的な拠点となる場所に分散して展開できるような態勢を整える必要性を示唆している。つまり、いわゆる日米の共同基地使用や暫定拠点使用を念頭に置いて、太平洋軍MDB任務部隊による日本国内でのローテーション展開を平時から積み重ねて備えることが求められる。日本側においては、共同使用の対象となる自衛隊基地の抗堪性を向上させることはもちろん、基地以外の場所で拠点となる場所を特定し、拠点間を結ぶ通信インフラを整えておくことが必要となろう。

第四に、情報・認識空間における太平洋軍と自衛隊との連携は、サイバー作戦や心理戦といった分野で想定されうるが、この分野における日米間の連携は、両国の能力ギャップによって大きく制約される可能性がある。MDBは、紛争がキネティック化する前の段階から、サイバー空間での攻守作戦が活発化することを想定しており、この段階で日米が効果的に対処できるかどうかは、紛争がその先へエスカレートするかどうかを分ける極めて重要な意味をもつし、エスカレートする場合にシームレスに対応できるかどうかということにもかかわってくる。MDBのいう競争、あるいはグレーゾーン事態と呼ばれる状況下で、柔軟に選択される抑止措置の一つとして重要な意味合いを持つ情報・認識空間における作戦や活動において日米が連携するという場合、それは具体的にどのような協力を指すのか。中国や北朝鮮を相手に、サイバー空間で日米が優位に立とうとする場合、それが一体いかなる条件を備えた状況下で成立するのか。これらは、いままさに議論と検討が行われている最先端の問題である。しかし、自衛隊に防戦のみが許される法制度の下では、とてもサイバー・ドメインにおける効果的な共同作戦は展開しえない。法改正は米軍サイバー部隊にとっても大きな課題となっており、ハリス司令官もその喫緊性を主張していたが[43]、自衛隊にとっては一層切実な問題であるので、サイバー戦能力を高めるための法改正も視野に入れた諸々の取り組みは、政治課題としてできるだけ早く推進されるべきである。

第五に、任務委任型指令に基づいて行動する太平洋軍のMDB任務部隊と自衛隊の統合部隊が、相互に効果的に交信しながら連携できる体制の構築が重要性を増す。先にみた通りMDBは、部隊の分散行動やネットワーク劣化状況下における作戦続行といった要請から、任務委任型指令の必要性を重視している。日米共同作戦下で太平洋軍の部隊がそうした指令に基づいた作戦行動をとることになれば、自衛隊の側にもそれに対応できるような連携体制を築く必要がある。ネットワークの一部または大半がダウンし、末端の部隊が統合C2から切り離された事態が生じた際に、MDB任務部隊が自衛隊部隊と連携しながら「優位の窓」を作り出し、さらにその窓を利用した攻勢作戦を続行できるかどうかは、MDBの成否を分ける重大な課題である。互いのドクトリンを知悉し、通信が大きく制限された状況下で可能な限り日米の部隊間の連携を維持するためには、日米共同演習や共同訓練を重ねるのはもちろん、部隊間連携を補助する技術・手段を特定したり、層の厚い人的交流を図るといった平素からの多面的で地道な取り組みが不可欠となる。

太平洋軍が自らMDBを導入していく道のりすら険しいのであるから、日米がMDBを基盤とした統合を実現するのはさらに困難であるのは自明である。しかし、現下の軍事技術トレンドが進行し続ける中で戦い方のイノベーションを怠れば、抑止力が相殺されていくのであるから、MDB構想のドクトリン化と導入は、もはや選択するしないの問題ではなく、せざるを得ない選択といえよう。太平洋軍はMDB導入の最先端を走っており、日本もその行く末を見据えて、すでに一部着手されている上記のような取り組みを加速し拡大すべきではないか。日本に自国と地域の安全保障の未来を担う意思があるのであれば、MDB導入を通じた作戦構想・組織・技術の面での日米同盟の進化こそが、その中核的取り組みを占めるべきである。

註

1——Admiral Harry Harris, "The View from the Indo-Asia-Pacific," WEST 2017 Conference, February 21, 2017 (http://www.pacom.mil/Media/Speeches-Testimony/Article/1089966/west-2017-keynote-the-view-from-the-indo-asia-pacific/ 最終確認二〇一七年九月二二日)。

2——Admiral Harry Harris, "Keynote at LANPAC 2017," Association of the United States Army LANPAC Symposium and Exposition, May 24, 2017 (http://www.pacom.mil/Media/Speeches-Testimony/Article/1193171/association-of-the-united-states-army-lanpac-symposium-and-exposition/ 最終確認二〇一七年九月二二日)

3——Joint Chiefs of Staff, *Joint Vision 2010*, 1996 (http://webapp1.dlib.indiana.edu/virtual_disk_library/index.cgi/4240529/FID378/pdfdocs/2010/Jv2010.pdf 最終確認二〇一八年一月八日)。

4——Memorandum from the Secretary of Defense to Deputy Secretary of Defense et al., "Defense Innovation Initiative," November 15, 2014 (http://archive.defense.gov/pubs/OSD013411-14.pdf 最終確認二〇一七年九月二四日)。

5——Robert O. Work, "Army War College Strategy Conference," April 8, 2015 (https://www.defense.gov/News/Speeches/Speech-View/Article/606661/army-war-college-strategy-conference/ 最終確認二〇一七年九月二七日)；General David G. Perkins, "Multi-Domain Battle: Driving Change to Win in the Future," *Military Review*, July-August 2017, p. 11.

6——本章では国防イノベーションの作戦構想面での取り組みを取り上げるが、技術面と組織面における取り組みについては、それぞれ次の拙稿を参照願いたい。森聡「技術と安全保障——米国の国防イノベーションにおけるオートノミー導入構想」『国際問題』第六五八号、二〇一七年、二四～三七頁。森聡「オバマ政権期における国防組織改編の模索——国防イノベーションの組織的側面」『国際安全保障』第四五巻第一号、二〇一七年六月、二四～四二頁。

7——Joint Chiefs of Staff, *Joint Operating Environment 2035 (JOE2035): The Joint Force in a Contested and Disordered World*, July 14, 2016 (http://www.dtic.mil/doctrine/concepts/joe/joe_2035_july16.pdf 最終確認二〇一七年九月二七日。)

8 ——Joint Chiefs of Staff, *JOE 2035*, pp. 29-30.

9 ——Ibid., pp. 32-33.

10 ——Ibid., pp. 35-36.

11 ——The U.S. Department of Defense, *Joint Operational Access Concept – Version 1.0*, January 17, 2012, pp. 14-17, 34-35.

12 ——Air-Sea Battle Office, *Air-Sea Battle: Service Collaboration to Address Anti-Access & Area Denial Challenges*, May 2013. General Norton A. Schwartz and Admiral Jonathan W. Greenert, "Air-Sea Battle: Promoting Stability in an Era of Uncertainty," *The American Interest Online*, February 20, 2012.

13 ——Thomas X. Hammes, "Offshore Control: A Proposed Strategy for an Unlikely Conflict," *Strategic Forum*, No.278 (June 2012), pp. 1-14.

14 ——Elbridge Colby, "Don't Sweat AirSea Battle," The National Interest, July 31, 2013 ; T.X. Hammes, "Sorry, AirSea Battle is No Strategy," *The National Interest*, August 7, 2013 ; Aaron L. Friedberg, *Beyond Air-Sea Battle: The Debate over US Military Strategy in Asia*, The International Institute for Strategic Studies, 2014 ; Erik Slavin, "Analysts: Air-Sea Battle Concept Carries Risks in Possible Conflict with China," *Stars and Stripes*, September 28, 2014.

15 ——Michael E. Hutchens, William D. Dries, Jason C. Perdew, Vincent D. Bryant, and Kerry E. Moores, "Joint Concept for Access and Maneuver in the Global Commons: A New Joint Operational Concept," *Joint Forces Quarterly*, No. 84 (2017), p. 135-7.

16 ——Hutchens et al., "Joint Concept for Access and Maneuver in the Global Commons," p. 137.

17 ——United States Army-Marine Corps White Paper, *Multi-Domain Battle: Combined Arms for the 21st Century*, 11 January 2018, pp. 3-5.

18 ——United States Army-Marine Corps White Paper, pp. 3-5.

19 ——U.S. Army Training and Doctrine Command (TRADOC), Army Capabilities Integration Center, *Multi-Domain Battle: Evolution of Combined Arms for the 21 Century, 2025-2040*, version 1.0, December 2017 (http://www.tradoc.army.mil/multidomainbattle/docs/MDB_Evolutionfor21st.pdf 最終確認二〇一八年一月八日)

20 ——Ibid., pp. 21-22.

21 ——Ibid.

22——Ibid., pp. 23-24.

23——Ibid., pp. 24-25.

24——Ibid., pp. 25-28.

25——William Dries, "Some New, Some Old, All Necessary: The Multi-Domain Imperative," *Fires*, May-June 2017, p. 16.

26——United States Army-Marine Corps White Paper, p. 16.

27——冒頭のハリス司令官の発言もＭＤＢ構想への海軍と空軍の参加を示唆している。Dries, "Some New, Some Old, All Necessary," p. 16.

28——General Robert B. Brown and General David G. Perkins, "Multi-Domain Battle: Tonight, Tomorrow, and the Future Fight," *War on the Rocks*, August 18, 2017, p. 2 (https://warontherocks.com/2017/08/multi-domain-battle-tonight-tomorrow-and-the-future-fight/　最終確認二〇一七年九月二七日)

29——Brown, "The Indo-Asia Pacific and the Multi-Domain Battle Concept," p. 6-8.

30——ＣＥＣとは、広域に分散して存在するセンサー情報を一元的に集約して、対空攻撃を管制するアメリカ海軍の指揮・統制ネットワークのシステム。U.S. Navy Fact File, "Cooperative Engagement Capability," (http://www.navy.mil/navydata/fact_display.asp?cid=2100&tid=325&ct=2　最終確認二〇一七年九月二八日)

31——Admiral Harry B. Harris, "Statement of Admiral Harry B. Harris Jr., U.S. Navy Commander, U.S. Pacific Command Before the House Armed Services Committee on U.S. Pacific Command Posture," April 26, 2017 (最終確認二〇一七年九月二七日)

32——Captain Joseph Schmid, "Cross Domain Fires Executed in Lightning Forge 2017," *Fires*, July-August 2017, pp. 25-33.

33——Mark Pomerleau, "Marines Take Multi-Domain Battle to the Littorals," *Modern Day Marine*, September 21, 2017 (http://www.defensenews.com/digital-show-dailies/modern-day-marine/2017/09/21/marines-taking-multi-domain-battle-to-the-littorals/　最終確認二〇一七年九月二七日)

34——General Robert B. Brown, "The Indo-Asia Pacific and the Multi-Domain Battle Concept," *Military Review*, March 2017, p. 5.

35——Brown, "The Indo-Asia Pacific and the Multi-Domain Battle Concept," p. 6.

36——Ibid., p. 8.

37——Brown and Perkins, "Multi-Domain Battle: Tonight, Tomorrow, and the Future Fight," p. 3.

38——Andrew Krepinevich, *Archipelagic Defense: The Japan-U.S. Alliance and Preserving Peace and Stability in the Western Pacific*, The Sasakawa Peace Foundation, 2017；Andrew Krepinevich, "How to Deter China: The Case for Archipelagic Defense," *Foreign Affairs*, March/April 2015. なお、これに先立つ類似の議論として次がある。James R. Holmes, "Defend the First Island Chain," *Proceedings*, Vol. 140, April 2014；James R. Holmes and Toshi Yoshihara, "Asymmetric Warfare, American Style," *Proceedings*, Vol. 138, April 2012.

39——Krepinevich, *Archipelagic Defense*, p. 69-70.

40——Ibid., p. 70-71.

41——例えば、米空軍参謀長ゴールドファイン将軍も統合参謀本部が刊行する軍事誌のインタビューにおいて、マルチ・ドメインにおけるネットワーク本位の指揮・統制システムの重要性を強調している。"An Interview with David L. Goldfein," *Joint Forces Quarterly*, Vol. 85, 2nd Quarter 2017, p. 9.

42——米軍によるオートノミー導入構想とそのインプリケーションについては、前掲の拙稿「技術と安全保障」を参照。

43——Admiral Harry Harris, "The View from the Indo-Asia-Pacific."

Photo: Marine Corps photo by RANK FNAME LNAME

終章

「太平洋軍」から「インド・太平洋軍」へ

土屋大洋◆TSUCHIYA Motohiro

二〇一八年五月三〇日、ハワイの太平洋軍司令部において式典が開かれ、ハリー・ハリス太平洋軍司令官が退任し、新たにフィリップ・デービッドソン海軍大将が司令官に就任した。

新司令官のデービッドソン大将はミズーリ州セントルイス出身で、ハリス前司令官の四年後に海軍兵学校を卒業している。艦隊総軍司令官からの就任になる。

太平洋軍司令官交代とともに、その構成軍である海軍の太平洋艦隊の司令官も交代した。スコット・スウィフト大将は、誰もがハリス司令官の後任として太平洋軍司令官になると思っていた優秀な人材であった。しかし、二〇一七年に相次いだ太平洋艦隊隷下の艦艇による事故の責任を取って退役し、元太平洋艦隊作戦部長で中央軍海軍司令官のジョン・C・アクイリーノ中将が大将に昇任し、新たな太平洋艦隊司令官に就任した。

多発した事故の影響でスウィフト太平洋艦隊司令官が太平洋軍司令官に栄転しないことが明らかになると、次の太平洋軍司令官は、伝統を破って海軍以外から選ばれるのではないかという見通しもあった。結果的には海軍からの指名になり、海軍は安心したことだろう。

しかし、海軍以外から太平洋軍司令官を指名し、組織体制の一新を図っている余裕は今の太平洋軍にはなかったともいえる。朝鮮半島、東シナ海、南シナ海で高まる緊張に対応するために継続性が重視されている。司令官の交代はもともとこの時期に行われる予定であり、大きな驚きではなかった。むしろ、本書の執筆者たちが驚かされたのは、太平洋軍司令官交代式に出席したジェームズ・マティス国防長官が、「太平洋軍（U.S. Pacific Command）」を「インド・太平洋軍（U.S. Indo-Pacific Command）」に改称すると発表したことだった。

名称変更の可能性は以前からニュースになっていた。我々の多くが最初にそれを聞いたのは、二〇一八年五月二一日に国防総省の報道担当であるロバート・マニング大佐が名称変更の可能性の見通しを指摘したというニュースだった。しかし、五月二一日のニュースからわずか九日後に正式な名称変更が出るとは予想していなかった。

もともと、ハリス司令官は、「インド・アジア太平洋（Indo-Asia Pacific）」という言い方をしていた。ところが、トランプ大統領が「インド・太平洋（Indo-Pacific）」という言い方をし始めたため、太平洋軍でも「アジア」を抜き、「インド・太平洋」で統一するようになったという。

しかし、国の政策レベルでの「インド・太平洋」という言い方は、米国よりも、日本で先に使われ始めたともいえる。

日本の安倍晋三首相は、首相に返り咲いた直後の二〇一三年二月二二日、米国の戦略国際問題研究所（CSIS）で演説した際、「いまやアジア・太平洋地域、インド・太平洋地域は、ますますもって豊かになりつつあります。そこにおける日本とは、ルールのプロモーターとして主導的な地位にあらねばなりません」と述べている[1]。同年九月に行った演説では、「これからの、インド・太平洋の世紀を、日本と米国は一緒になって、引っ張っていくべきであると私は信じております」とも述べた[2]。

二〇一六年八月、安倍首相はケニアにおいて開催された第六回アフリカ開発会議の基調講演で「自由で開かれたインド太平洋戦略」を発表し、国際社会の安定と繁栄の鍵を握るのは成長著しいアジアと潜在力溢れるアフリカの「二つの大陸」、自由で開かれた太平洋とインド洋の「二つの大洋」の交わりにより生まれるダイナミズムであり、日本はアジアとアフリカの繁栄の実現に取り組んでいくと述べた[3]。トランプ候補が大統領選挙に勝利するのは、その三ヶ月後の二〇一六年一一月であり、トランプ政権が成立するのは二〇一七年一月のことである。

ホワイトハウスのウェブサイトに残されている文書を見ると、二〇一七年六月にインドのナレンドラ・モディ首相がトランプ大統領と会談した際の共同記者会見で「インド・太平洋地域」という言い方を使っており[4]、同日出されたファクトシートでも使われている[5]。

そして、同年一〇月二三日に行われたトランプ大統領と安倍首相との電話会談でも「自由で開かれたインド・太平洋地域の重要性」を両首脳が強調したと発表されている[6]。さらにその翌月のトランプ大統領によるアジア歴訪に際して出された各種の文書で「インド・太平洋」は繰り返し現れてくることになる。

しかし、「インド・太平洋」という言葉の起源がどこにあったのかはさほど重要ではないだろう。それよりも、その言葉の意味するところのほうが重要である。「インド・太平洋」というときの「インド」は、国名としての「インド」というよりも、「インド洋」のことであろう。

つまり、「インド・太平洋」とは、「インド洋および太平洋」のことであり、国家戦略としての「インド・太平洋」で指し示しているのは、インド洋沿岸の国々と太平洋沿岸の国々における国際関係のことだろう。

この二つの大洋に接する国々、あるいは直接は接していなくても、この地域にある国々の経済的成長率は高く、また同時に、政治的・軍事的な緊張も高まっている。裏返せば、この地域の安全保障が世界経済に大きなインパクトを与えるということでもある。

米軍があえて「インド洋」を太平洋軍の名前に加えることで示唆しているのは、世界最大の民主主義国ともいわれるインドとの連携強化だけでなく、その他のインド洋に面する国々の安定が、国際政治の安定に不可欠との認識であろう。

インド・太平洋地域の安定の強調は、日本、米国、そしてインドや豪州などの国々に共通する戦略的な目標となっている。米国の「インド・太平洋軍」は、その要石であり、軍事ばかりでなく、外交的にも大きな意味を持つ。

本書は、太平洋軍司令官と太平洋艦隊司令官の交代式が行われ、マティス国防長官が「インド・太平洋軍」への改称を発表した前日に執筆者全員が再校ゲラの確認を終え、印刷所に原稿データを渡していた。名称変更のニュースに執筆者たちと出版社は驚き、対応を協議したが、本文の内容および書名は変更せず、この「終章」を加えることとした。実に、インド・太平洋地域のダイナミックな動きを実感させられる出来事になった。

これまであまり注目されることのなかった太平洋軍ないしインド・太平洋軍を理解するにあたって本書が役に立てば幸いである。

註

1——安倍晋三「日本は戻ってきました」CSISでの政策スピーチ、二〇一三年二月二二日、https://www.kantei.go.jp/jp/96_abe/statement/2013/0223speech.html（二〇一八年五月三一日最終確認）。

2——安倍晋三「2013年ハーマン・カーン賞受賞に際しての安倍内閣総理大臣スピーチ」二〇一三年九月二五日、https://www.kantei.go.jp/jp/96_abe/statement/2013/0925hudsonspeech.html（二〇一八年五月三一日最終確認）。

3——外務省「第1章　2016年の国際情勢と日本外交の展開」『外交青書』、https://www.mofa.go.jp/mofaj/gaiko/bluebook/2017/html/chapter1_02.html（二〇一八年五月三一日最終確認）。

4——White House, "Remarks by President Trump and Prime Minister Modi of India in Joint Press Statement," White House, June 26, 2017, https://www.whitehouse.gov/briefings-statements/remarks-president-trump-prime-minister-modi-india-joint-press-statement/ (accessed on May 31, 2018).

5——White House, "United States and India: Prosperity Through Partnership," White House, June 26, 2017, https://www.whitehouse.gov/briefings-statements/united-states-india-prosperity-partnership/ (accessed on May 31, 2018).

6——White House, "Readout of President Donald J. Trump's Call with Prime Minister Shinzo Abe of Japan," White House, October 23, 2017, https://www.whitehouse.gov/briefings-statements/readout-president-donald-j-trumps-call-prime-minister-shinzo-abe-japan-5/ (accessed on May 31, 2018).

Photo: U.S. Navy photo by Mass Communication Specialist 2nd Class Sean M. Castellano

資料

ハリー・ハリス太平洋軍司令官演説［1］

ハリー・ハリス提督◆ADM. HARRIS, Harry

紳士淑女の皆さん、本日、皆さんにお話しする機会を得られて大変感謝しております。笹川平和財団は、重要な米日関係の理解の促進に尽力されています。米国ではこういうとき「しぼるに値するジュース」と表現するのですが、笹川平和財団の皆さんが行っている重要なお仕事には、どれほど感謝しても足りません。

今日私が行うのは、準備してきたスピーチで議論の基盤を提供し、そして尊敬する司会の谷口［智彦］博士の助けを得ていくつかのご質問を受けるということです。

スピーチを準備している間、妻のブルーニにアドバイスを求めると、彼女はこう言いました。「何事にもはじめがあるから、おもしろく、短くするのが良いわ。じゃなかったら日本酒を持っていくことね」。

デモ、キョウハ、オサケハ、アリマセン。しかし、話は短くします。

今回の訪日は、短いながらとても生産的な旅でした。昨日は、安倍［晋三］首相、岸田［文雄］外相、菅［義偉］官房長官、稲田［朋美］防衛相、小池［百合子］知事、そして私の良き友人である河野［克俊］海将と有意義な意見交換を行いました。いつものテレビ会議ではなく、河野海将と実際にお目にかかれるのは素晴らしいことです。

こうしたリーダーの皆さんが、我々の同盟を強く維持するために払っている努力、そのすべてに感謝しています。会談では、米国が日本の防衛に誠実かつ絶対的に関与することを繰り返し申し上げ、米軍をホストしてくださる日本の継続的な支援に謝意を表明しました。

会談で議論した重要な点は、尖閣諸島に関する日本の行政権を認知するという米国の政策であり、米日安全保障条約第五条に従ってこの島々を防衛するという事実です。この政策は先頃の安倍首相との会談でトランプ大統領が再確認しており、マティス米国防長官も日本訪問の際に確認していま す。

ここ数カ月、日本と米国の間のシニアリーダーたちが取り組んできたことは、地域的な平和と安全保障、そしてグローバルな平和と安全保障の維持に我々の二つの偉大な国がコミットしていることをはっきりと示しています。だから私は今日、ハワイに戻る前に、米日同盟の重要性について議論するために、皆さんと時間をともにしたかったのです。

我々の同盟は、共有された利害と共有された価値に根付いています。それは、奪うことのできない人権をすべての人が持っているということであり、それが守るに値するものだという信念を含んでいます。まさに、世界全体が米日同盟の恩恵を受けているといっても過言ではありません。第二次世界大戦後、我々の同盟がこの地域を安定させてきた間、日本の皆さんが前例のない経済成長の時代をもたらすのを可能にしました。そして、過去六〇年間、我々の陸軍兵、海軍兵、空軍兵、海兵隊員、沿岸警備兵は、日本の自衛隊と助け合って平和と自由を守り、促進してきました。

私見では、米日同盟はこれまでになく強固で重要だと喜んで申し上げたいと思います。グローバルなレベルでリーダーシップを求める世界において、我々の同盟の必要性は以前よりも強くなっています。今日、我々の国と国をつなぎとめる絆は、これまでになく強くなっています。その絆が、今日ほど必要になっている時はないと申し上げます。

三日前、北朝鮮はまたもや弾道ミサイルを発射しました。今年七度目の発射です。この最新の挑発行為は、平和と安定が金正恩体制から攻撃されていることをもう一度思い出させます。北朝鮮による危険な行為は、朝鮮半島にとって脅威であるだけでなく、日本にとっても脅威、中国にとっても脅威、ロシアにとっても、もう一度申し上げますが、ロシアにとっても脅威であり、米国にとっても脅威であり、世界全体にとっても脅威です。だからこそ、北朝鮮に対してよりいっそう強い制裁の実施をすべての国に対して我々は求めるべきなのです。

日本のリーダーたちとの昨日の議論で北朝鮮は主要なトピックでした。それは先月、ペンス副大統領が日本その他の国々を訪問した後、ハワイに立ち寄った際の議論のトピックでもありました。今まさに北朝鮮は、米国、日本、そして韓国にとって今そこにある危機なのです。だからこそ私は強く三カ国の協力、目的のあるパートナーシップを求め続けているのです。

北朝鮮は今世紀に核兵器を実験した唯一の国として自身を際立たせています。ウイリアム・ペリー元米国防長官がかつて述べたように、我々は、そうあって欲しいという姿ではなく、今ある姿で、北朝鮮と交渉しなければなりません。今、この部屋にいるすべての賢い皆さんに立ち止まってこれについて考えていただきたいと思っています。金正恩のような気まぐれなリーダーの手の中で核の弾頭と弾道ミサイル技術と組み合わせることは破滅へのレシピです。それが北朝鮮の今ある姿です。

　平壌が行った小型化などの技術的進展について議論があることは承知しています。しかし、ロケットが「失敗」したと報じられたからといって落ち着ける人はいないに違いありません。金正恩は公衆の面前で失敗することを恐れていませんし、彼が行うすべてのテストは成功です。なぜなら核弾頭を搭載したミサイルを世界のどこへでも打ち込むことができるよう、北朝鮮が一歩近づくことになるからです。

　私は過去二年間このことを言い続けてきました。つまり、金正恩の主張は真実だと想定しなくてはならないということであり、彼の強い願望は真実だということです。だから私は彼の言葉を真に受け、それはこの問題に今すぐ対処しなくてはならないという感覚を私たちすべてにもたらしているのです。

　先月のソウル訪問中、ペンス副大統領は、北朝鮮を孤立させ、平壌に核と弾道ミサイルプログラムを破棄するよう要求すべきだと全世界に呼びかけました。副大統領は、日本のような近隣諸国に向けて敵意を繰り返さないよう北朝鮮に求め、自国民の抑圧を止めるよう求めました。

　米国、日本、韓国、豪州、中国、ロシア、そして、国際的な安全保障に貢献する責任があると自覚するすべての国は、金正恩の膝に屈するのではなく、彼を正気に戻すよう公的にも私的にも共同で働きかけるべきです。

　近年の核実験とミサイル発射は、北朝鮮が中国にとって資産ではなく負債でしかないことを示しています。トランプ大統領とティラーソン国務長官は、北朝鮮が核と弾道ミサイルの野望を破棄するよう適切な措置をとるべく中国に促しています。

　北朝鮮を平和と安定というより良い道へ向かうよう動かすため、中国がてこを使うよう我々の政治リーダーと外交官たちが促す一方で、太平洋軍は地域の安全保障を促進するべくインド・アジア太平洋に広がる同盟国やパートナー国とともに働き続けています。そうすることが米国の利益です。というのも、我が国の将来の安全保障と経済的繁栄がこのダイナミックな地域にがっちりとリンクされていると私は信じているからです。

強力で豊かな日本は、強力で豊かなインド・アジア太平洋にとって不可欠です。これは、米日同盟がかつてなく重要だと私が考える理由の一つです。経済と安全保障の両面における我々の関係の変革、そして防衛関係という点での協調の幅と深まりは、歴史的なレベルにあります。

この事実を明らかにするため、トランプ大統領は就任直後に安倍首相に会うことを優先課題にしました。米日同盟を進める強い決意を両首脳は示したのです。

北朝鮮による最近の中距離弾道ミサイルテストの後、ホワイトハウスは韓国および日本を支持するという堅い米国のコミットメントを繰り返し表明しました。

インド・アジア太平洋においてますます厳しくなる安全保障環境にあって、米国はこの地域におけるプレゼンスを支え続けます。未来に目を向ければ、二一世紀の安全保障要求を見定めるため日本の自衛隊と密接に働いています。日本政府の支援は、日本を防衛するという条約上の義務の履行に有益なものです。この支援は我が軍の能力改善に資する軍管理イニシアティブを実施するのに役立っています。

たとえば、以下のような点があります。

- 米海軍は最新の航空早期警戒指揮用の航空機であるE－2Dアドバンスドホークアイを岩国に前方展開してきました。弾道ミサイル防衛能力を持つ洋上艦のプレゼンスも増やしています。こうしたプラットフォームは、昨日横須賀を出港したロナルド・レーガン空母打撃群の能力を強化しています。

●米空軍は横田空軍基地のC－130H航空隊を新しいC－130Jスーパーハーキュリーズに更新しています。C－130Jは輸送の役割に加えて空中給油、地上給油、気象偵察、電子戦、医療救助、捜索救助、不可欠の空中投下作戦にも使うことができます。

●ちょうど今月、米空軍はRQ－4グローバルホーク偵察ドローンを横田に配置しました。このプラットフォームによって、地域の挑戦に注意を払う際、より多くの状況判断を得ることができます。

●そして、おそらく最も注目すべきは、海兵隊が最初のF－35B統合打撃戦闘機を岩国に前方展開したことでしょう。

第五世代戦闘機をこの地域に前方配置・展開することは私の優先事項であり続けます。最初に日本にF－35を送ることとは、米国の装備の中で最も性能が高く最新の機材で日本を防衛するという米国の断固としたコミットメントを示すものです。

F－35は新しい戦闘機だというだけではなく、本当に新しい性能を持っているのです。技術から統合訓練に至るまで、戦闘での致死性、残存性、適応性において比類ないコンビネーションをもたらします。

そして、米国が第五世代戦闘機を飛ばしているだけでなく、世界中の同盟国やパートナー国が、日本や豪州を含めて、F－35を飛ばすために訓練しているのです。

先月、アリゾナを訪問した際、ルーク空軍基地でトレーニングしている日本と豪州のパイロットに会いました。パイロットたちは、この革命的なプラットフォームを装備の中に迎えることに大変興奮し、誇りに思っていました。

米国のF－22および第四世代の戦闘機とともに飛ぶことで、F－35の国際部隊は、これから何年にもわたって潜在的な敵に対する航空優勢を確保するでしょう。実際、新しい航空優勢の時代の始まりが、日本の岩国のF－35、F－18、E－2Dで起こっているのですが、我々はこれを一人ではできなかったのです。

条約の義務を果たすため、日本政府は過去二〇年間、この一つの装備の導入に七〇億ドルを投じました。この投資のうち四五億ドルは日本の防衛政策見直し協議の下での基盤に捧げられました。滑走路の再配置を支持し、空港・海港能力を拡張し、燃料備蓄・配分能力を促進し、二〇〇近くの支援プログラムに資金を付けています。

今日、岩国空軍基地は、海兵隊の航空基地を併設し、日本における最も成功した統合利用設備の一つです。日本の海上自衛隊のカウンターパートと助け合って働いている米国の航空機と人員は、強大なP－3や自衛隊の新しいP－1を含めていくつかの機体を飛ばしています。岩国は太平洋戦域に119番の緊急対応能力を提供する協力モデルとなっています。

紳士淑女の皆さん、日本のますます統合しつつある自衛隊が、あらゆる安全保障上の挑戦にともに向き合う同盟の能力を改善していることは疑いありません。我々が互いに改善するよう助け合うとき、克服できない挑戦はないということです。

この地域で日本が大きな役割と責任を担おうと継続的に努力していることに真に感謝します。マルチ・ドメイン・バトル概念から生じる能力においてもっと協力ができるのではないかとも見ています。広範囲に及ぶ防衛に供する新しい方法を見るべきです。たとえば、海上の艦艇を防護する陸上部隊の役割です。そして、私は太平洋軍の陸軍と海兵隊には、陸上から艦艇を沈める能力を陸上部隊が持てるよう指示しました。日本の陸上自衛隊の専門家からもっと学ぶよう計画しており、それによって米国はもっと効率的な統合軍になれるでしょう。

もう一つの重要な協調的努力、つまり沖縄のキャンプ・シュワブの普天間代替施設は、普天間の沖縄返還を可能にする一方で、米国が日本への安全保障義務を全うすることを可能にするでしょう。両国政府は移設に強くコミットし続けています。この移行は、沖縄本島の最も人口稠密な地域における作戦を減らし、日本の国民と政府にかなりの土地返却を可能にしながら、日本の主権を防衛する能力を改善することになるでしょう。

さて、用意してきてスピーチが終わろうとしています。まだ時間が早いので誰も眠らなかったと思います。短くするという約束を守りましたので、私に内緒で日本酒を飲み始めた人はいないと希望しています。

質問に移る前に、日本への条約義務を全うするという米国の決意を誰も疑うべきではないと繰り返し主張したいと思います。五万人以上の米国の兵士、水兵、空軍兵、海兵隊員が日本中に配置されており、一人一人がこの義務とこの地域に広がる安全保障に貢献しています。日本の主権を脅かすいかなる攻撃者からも防衛する用意ができています。

六〇年以上の間、米日同盟は北東アジアの平和、安全保障、安定の礎石であり、この地域における米国の関与の基盤でした。だから私は、安倍首相の米国議会での演説から二年の記念日が過ぎたということを皆さんに思い出していただくことで締めくくりたいと思います。首相は日米同盟を希望の同盟だと呼びました。まさにその通りだと思います。

笹川平和財団のような組織のおかげで、歴史的な敵意を克服する勇気を他の国々が持つための導き手に我々の同盟がなっているということを、もっと多くの人々が理解するでしょう。今、我々は、北朝鮮やイスラム国のようなグローバルな挑戦に立ち向かうための多国間のパートナーシップを深め、拡大するためのアクションをとらなければなりません。

我々はともにあることでもっと強くなります。ともにあることで、米国、日本、そして世界中のパートナーたちは、何十年にもわたって平和と繁栄を支えてきたルールに基づく安全保障秩序を守り続けることができるでしょう。ありがとうございました。

註

1——本稿は米国太平洋軍司令官であったハリー・ハリス提督が二〇一七年五月一六日に東京の笹川平和財団で行った演説を、許可を得た上で翻訳したものである。

Photo: MC2 Sarah Villegas

あとがき

土屋大洋◆TSUCHIYA Motohiro

本書は、その重要性にも関わらず、日本ではあまり研究対象となってこなかった米国太平洋軍についての研究をまとめたものである。

この共同研究のきっかけは、二〇一四年から一五年にかけて米国ハワイで過ごした編者の研究休暇である。そこでは旧知の荻野剛氏が防衛省から出向して在ホノルル日本国総領事館の領事として勤務していた。それまでも自衛隊からリエゾン・オフィサー（LO）や交換幹部として太平洋軍と接点を持つ自衛官たちがいたが、荻野氏は防衛省の内局から事務官として派遣され、ホノルルのヌーアヌ通りにある総領事館から太平洋軍司令部のある真珠湾のキャンプ・スミスに通いながら太平洋軍とのパイプを担っていた。その荻野氏から、学問として太平洋軍を研究するよう勧められた。

ハワイから帰国後、二〇一五年度から一七年度にかけ、文部科学省「スーパーグローバル大学創成支援」による慶應義塾大学の『『実学（サイエンス）』によって地球社会の持続可能性を高める」における安全クラスターのプロジェクトとして、慶應義塾大学グローバル・セキュリティ研究所（G-SEC）および慶應義塾大学グローバルリサーチインスティテュート（KGRI）で研究を進めてきた。駒村圭吾所長他、スタッフの皆さんに感謝したい。特にプロジェクトのサポートをしてくださった綿貫直子さんなくしてスムーズな運営はできなかった。

プロジェクトの初期のメンバーは土屋、西野、ロイの三人だったが、後に中村、梶原の二人が加わり、本書の執筆段階で森、小谷、田中の三人にも加わってもらった。また、海上自衛官として太平洋軍と密接に関わり、ハリス司令官とも親交の深い大塚海夫・海上自衛隊幹部学校長(当時)に序文を依頼したところ、ご快諾をいただいた。

三年間にわたってホノルルと東京で研究会やシンポジウムを重ねるなかで、多くの米軍や米国政府関係者に話を聞くことができた。わけてもハリー・ハリス太平洋軍司令官、デニス・ブレア元太平洋軍司令官、ゲイリー・ラフェッド元海軍作戦部長・元太平洋軍副司令官、ロナルド・J・ズラトパー元太平洋艦隊司令官の協力に感謝したい。ハリス司令官は本書の編集作業中に退任が決まり、いったんは豪州大使に任命された後、韓国大使に任命し直しになり(二〇一八年五月現在)、ゆれ動く朝鮮半島情勢に対応しようとしている。

その他にもプロジェクトの実施、そして本書の執筆の過程において多くの方々、組織のご支援をいただいた。特に、イーストウエストセンターではシンポジウムの開催など、大きな支援を受けた。チャールズ・E・モリソン前所長、リチャード・R・ヴァルステック所長ほか、スタッフの皆さんに御礼申し上げたい。個々のお名前を挙げることはできないが、多くの方々に感謝申し上げたい。

千倉書房の神谷竜介編集部長にはいつもながら厚く熱いご協力をいただいた。本当に必要な研究に目を光らせ、チャンスをくださる神谷氏と千倉書房の皆さんに感謝したい。

二〇一八年五月　著者を代表して

重版にあたって

本書を二〇一八年七月に出版してから二年が過ぎた。この間、インド・太平洋をめぐる情勢には大きな動きがあった。初版印刷中の二〇一八年六月にはシンガポールで最初の米朝首脳会談が開かれた。中国は二〇一九年一二月に二番目の空母として山東を就役させた。台湾では二〇二〇年一月の総統選挙で反中姿勢の蔡英文総統が圧勝した。日本は二〇一八年一二月に新しい防衛計画の大綱を打ち出した。さらには、日米豪印によるクアッド（四カ国連携）を目指す動きも活発になっている。その間には軍種としての宇宙軍と統合軍としての宇宙軍がそれぞれ設立され、米国の統合軍は一一にまで増えた。

そして二〇一九年末から広がり始めた新型コロナウイルスが世界を覆い、グローバリゼーションの足を止めた。米国をはじめとする国々では都市のロックダウンが行われ、日本でもまた緊急事態宣言が発出された。インド・太平洋軍の司令部が置かれているハワイでも、渡航禁止が発出され、軍人たちの動きも大きく制約された。幹部だけが行っていたテレワークが、全軍規模で取り入れられた。

こうした動きをすべて本書に取り入れるには大幅な加筆・修正が必要になる。二〇二〇年一一月の米国大統領選挙の結果次第では、その変化はさらに大きなものとなるだろう。ただし、本書が論じた大きな潮流が覆ることはない。したがって大幅な改訂は次の機会に譲り、今回は最低限の間違いの修正にとどめた。読者のご了解を得られれば幸いである。

二〇二〇年一一月　著者を代表して

土屋大洋

サ行

タ行

主要事項索引

ア行

カ行

マ行

ヤ行

ラ行

ワ行

主要人名索引

ア行

カ行

サ行

タ行

ナ行

ハ行

森 聡（もり・さとる）◆第9章執筆

法政大学法学部教授、博士（法学）
1972年生まれ。1995年京都大学法学部卒業。1997年同大学大学院法学研究科修士課程修了。1998年米コロンビア大学ロースクール修士課程修了。外務省勤務を経て、2007年東京大学大学院法学政治学研究科にて博士号取得。同研究科付属比較法政研究センター機関研究員を経て、2008年に法政大学法学部准教授、2010年から現職。ジョージ・ワシントン大学（2013〜15年）とプリンストン大学（2014〜15年）にて客員研究員。2018年4月より中曽根康弘世界平和研究所上席研究員。主著に『ヴェトナム戦争と同盟外交――英仏の外交とアメリカの選択、1964-1968年』（東京大学出版会）、共著に『現代日本の地政学』（中公新書）、『希望の日米同盟――アジア太平洋の海洋安全保障』（中央公論社）など。

西野純也（にしの・じゅんや）◆第6章執筆

慶應義塾大学法学部政治学科教授、同大学現代韓国研究センター長
慶應義塾大学法学部政治学科卒業、同大学院法学研究科政治学専攻修士課程修了、同博士課程単位取得退学。延世大学校大学院政治学科博士課程修了（政治学博士）。ハーバード・エンチン研究所、ジョージ・ワシントン大学シグール・センター、ウッドロー・ウィルソン・センターで客員研究員等を歴任。専門は東アジア国際政治、現代韓国朝鮮政治、日韓関係。共編著に、『韓国における市民意識の動態II』、『転換期の東アジアと北朝鮮問題』、『朝鮮半島の秩序再編』（いずれも慶應義塾大学出版会）など。

小谷哲男（こたに・てつお）◆第7章執筆

明海大学外国語学部教授
日本国際問題研究所主任研究員を兼任。専門は日本の外交と安全保障、インド・太平洋地域の国際関係と海洋安全保障。2008年、同志社大学大学院法学研究科博士課程単位取得退学。ヴァンダービルト大学日米センター研究員、岡崎研究所研究員、日本国際問題研究所研究員などを経て2020年より現職。その間、米戦略国際問題研究所（CSIS）日本部招聘研究員などを務める。共著に『現代日本の地政学――13のリスクと地経学』（中公新書、2017年）、『アジアの国際関係――移行期の国際秩序』（春風社、2018年）など。

田中靖人（たなか・やすと）◆第8章執筆

産業経済新聞社台北支局前支局長
1975年生まれ。1998年慶應義塾大学総合政策学部卒業。2000年同大学大学院政策・メディア研究科修士課程修了。同年、産業経済新聞社入社。編集局地方部、整理部、政治部、外信部を経て2014年から2020年3月まで台北支局長。2007～08年、台湾の「国立政治大学」に語学留学。共著に『政策過程分析の最前線』（慶應義塾大学出版会）。

梶原みずほ（かじわら・みずほ）◆第3章執筆

慶應義塾大学グローバルリサーチインスティテュート（KGRI）所員

1972年生まれ。1994年、エジプトのカイロアメリカン大学政治学部卒業。同年、朝日新聞に入社。政治部や「GLOBE」などで、主に国内政治や安全保障分野で取材・執筆し、現在に至る。2011〜12年、安倍ジャーナリストフェロー、ロンドン大学キングスカレッジ社会科学公共政策学部客員研究員。2014〜16年、フルブライトフェロー、ハワイ大学日本研究センター客員研究員、アメリカ国防総省ダニエル・K・イノウエ・アジア太平洋安全保障研究センター客員研究員としてハワイに滞在。2020年から現職。テレビ朝日『報道ステーション』コメンテーターも務める。著書に『アメリカ太平洋軍』（講談社）、共著に、Hindsight, Insight, Foresight: Thinking About Security in the Indo-Pacific（Daniel K. Inouye Asia-Pacific Center for Security Studies）がある。

中村進（なかむら・すすむ）◆第5章執筆

慶應義塾大学グローバルリサーチインスティテュート（KGRI）客員上席所員、博士（学術）

1952年生まれ。横浜国立大学国際社会科学研究科博士後期課程単位修得退学。1974年海上自衛隊入隊、航空部隊勤務等を経て1992年から海上自衛隊幹部学校勤務。研究室長、海上幕僚監部法務室長兼務等を経て2008年退官、幹部学校主任研究開発官として再任用。2017年再任用任期終了により退官（海将補）し、2017年から現職。Institute For Global Security & Defense Affairs（IGSDA, Abu Dhabi, UAE）Senior Advisory Board Expertを兼任。主著に「有事関連条約における個人保護法制への国内的対応とその問題点」（共著）（ジュリストNo.1229）、"Dispute about maritime law between U.S. and China" *Collection of Treatise for 2017 International Symposium on Military Education.*（中華民国国防部）、「從創設緣由觀察日本海上自衛隊與海上保安廳的特徵」（洪政儀訳）『2017年台日海洋與偵查法制研討會』（中華民国中央警察大学水上警察学系）などがある。

編著者略歴

土屋大洋（つちや・もとひろ）◆編者・第1章・終章・「あとがき」執筆

慶應義塾大学大学院政策・メディア研究科兼総合政策学部教授、博士（政策・メディア）
1970年生まれ。1994年慶應義塾大学法学部卒業。1996年同大学大学院法学研究科政治学専攻修士課程修了。1999年同大学大学院政策・メディア研究科後期博士課程修了。国際大学グローバル・コミュニケーション・センター（GLOCOM）主任研究員などを経て、2011年から現職。国際大学GLOCOM上席客員研究員、国際社会経済研究所客員研究員を兼任。主著に『情報とグローバルガバナンス』『情報による安全保障』（ともに慶應義塾大学出版会）、『サイバーセキュリティと国際政治』（千倉書房）、『暴露の世紀』（角川新書）などがある。

大塚海夫（おおつか・うみお）◆「はじめに」執筆

ジブチ共和国駐箚特命全権大使、元海将
1960年生まれ。1983年防衛大学校卒業、海上自衛隊入隊。1997年ジョンズホプキンズ大学高等国際問題研究大学院国際公共政策学修士課程修了。護衛艦とね艦長、米国中央軍司令部首席連絡官、練習艦隊司令官、海上幕僚監部指揮通信情報部長、海上自衛隊幹部学校長、防衛省情報本部長などを経て2020年9月から現職。

デニー・ロイ（ROY, Denny）◆第2章・第4章執筆

イースト・ウエスト・センター上級フェロー、POSCOフェローシップ・プログラム・スーパーバイザー。シカゴ大学政治学博士専門は北東アジアの政治・安全保障問題、特に中国に注目している。近年は中国の外交政策、北朝鮮の核兵器危機、日中関係、中台関係等について著作がある。伝統的な軍事戦略問題や外交政策だけでなく、国際関係理論や人権政治にも関心がある。2007年にイースト・ウエスト・センターに着任する前は、ホノルルのアジア太平洋安全保障研究センター（APCSS）、カリフォルニア州モントレーの海軍大学院で勤めた。主著に、Return of the Dragon: Rising China and Regional Security（Columbia University Press, 2013）、The Pacific War and its Political Legacies（Westport, CT: Praeger, 2009）などがある。

アメリカ太平洋軍の研究
——インド・太平洋の安全保障

二〇一八年 七 月 二 日　初版第一刷発行
二〇二〇年 一二月 二一日　初版第二刷発行

編著者　土屋大洋
発行者　千倉成示
発行所　株式会社 千倉書房
〒一〇四－〇〇三一　東京都中央区京橋二－四－一二
電話　〇三－三二七三－三九三一(代表)
https://www.chikura.co.jp/

造本装丁　米谷豪
印刷・製本　精文堂印刷株式会社

ISBN 978-4-8051-1142-0 C3031

安全保障政策と戦後日本 1972～1994

河野康子＋渡邉昭夫 編著

史料や当事者の証言をたどり、七〇年代から九〇年代へと受け継がれた日本の安全保障政策の思想的淵源と思索の流れを探る。

❖A5判／本体 三四〇〇円＋税／978-4-8051-1099-7

戦後スペインと国際安全保障

細田晴子 著

基地や核をめぐる対米関係、地域安全保障の要衝、日本と通じる状況を抱えたスペインは如何にして戦後国際社会へ復帰したか。

❖A5判／本体 三八〇〇円＋税／978-4-8051-0997-7

同盟の相剋

水本義彦 著

比類なき二国間関係と呼ばれた英米同盟は、なぜ戦後インドシナを巡って対立したのか。超大国との同盟が抱える試練とは。

❖A5判／本体 三八〇〇円＋税／978-4-8051-0936-6

表示価格は二〇二〇年一二月現在

千倉書房

武力行使の政治学

多湖淳 著

単独主義か、多角主義か。超大国アメリカの行動形態を左右するのは如何なる要素か。計量分析と事例研究から解き明かす。

❖Ａ５判／本体 四二〇〇円＋税／978-4-8051-0937-3

米中戦略関係

梅本哲也 著

中国プレゼンスの増大に伴い国際秩序が揺らぐ東アジアで、日本が注視すべき米中関係の焦点を分析する。

❖四六判／本体 三五〇〇円＋税／978-4-8051-1131-4

日米同盟と東南アジア

信田智人 編著

東南アジアを舞台に深化する日米同盟。災害救助、組織犯罪対策などを通じて両国が目指す包括的安全保障の姿を描き出す。

❖Ａ５判／本体 三五〇〇円＋税／978-4-8051-1122-2

千倉書房

表示価格は二〇二〇年一二月現在